可再生能源制氢发展现状与路径研究报告

RESEARCH REPORT ON THE CURRENT STATUS AND DEVELOPMENT PATH OF HYDROGEN PRODUCTION FROM RENEWABLE ENERGY SOURCES

中能建氢能源有限公司◎著

·北京·

图书在版编目（CIP）数据

可再生能源制氢发展现状与路径研究报告. 2024 / 中能建氢能源有限公司著. -- 北京 : 中国经济出版社, 2024. 11. -- ISBN 978-7-5136-7986-2

Ⅰ. TE624.4

中国国家版本馆 CIP 数据核字第 20248FF822 号

策划编辑 姜 静
责任编辑 姜 静 丁 楠
助理编辑 汪银芳
责任印制 马小宾
封面设计 任燕飞

出版发行 中国经济出版社
印 刷 者 北京富泰印刷有限责任公司
经 销 者 各地新华书店
开　　本 710mm × 1000mm　1/16
印　　张 13
字　　数 172 千字
版　　次 2024 年 11 月第 1 版
印　　次 2024 年 11 月第 1 次
定　　价 268.00 元
广告经营许可证 京西工商广字第 8179 号

中国经济出版社 **网址** http://epc.sinopec.com/epc/ **社址** 北京市东城区安定门外大街 58 号 **邮编** 100011
本版图书如存在印装质量问题，请与本社销售中心联系调换（联系电话：010-57512564）

《可再生能源制氢发展现状与路径研究报告 2024》

编 委 会

序言一

习近平总书记强调，要构建清洁低碳安全高效的能源体系，实施可再生能源替代行动，超前部署一批氢能项目；要把促进新能源和清洁能源发展放在更加突出的位置，积极有序发展氢能源。当前，全球能源结构正经历着前所未有的变革，可再生能源已成为推动全球能源转型和应对气候变化的关键力量。氢能作为一种来源丰富、绿色低碳、能源效率高、应用广泛的二次能源，取之不尽、用之不竭，被称为“终极能源”，而可再生能源制氢以其独特的优势和潜力，正加速成为推动能源绿色低碳转型的重要手段之一，承载着实现全球能源高质量可持续发展的希望与梦想！

《可再生能源制氢发展现状与路径研究报告》正是在这样的时代背景下应运而生，旨在全面、深入、系统呈现可再生能源制氢技术的最新进展、面临的重大挑战以及未来的发展路径，不仅是对当前可再生能源制氢发展全貌的一次系统画像，更是对未来发展趋势的一次深刻洞察。编写坚持理论与实践相结合，广泛借鉴国内外最新研究成果和实践经验，深入剖析了可再生能源制氢的基本原理、技术路线以及关键设备，详细阐述了可再生能源制氢在工业、交通、建筑等领域的应用前景，并提出了促进可再生能源制氢高质量发展的有关意见建议。

任何一项技术的发展都伴随着挑战与机遇，我们也必须清醒地认识到，可再生能源制氢的发展仍面临诸多困难和挑战，从技术研发、成本管控、基础设施建设、商业化应用等方面都需要不断探索与创新。作为科技创新型、一体化能源型、综合基建型、融合发展型“四型”企业，中国能建正深入践行“四个革命、一个合作”能源安全新战略和碳达峰碳中和战略目标，坚持以战略眼光、系统思维、历史角度、专业维度，全面投身能源报国伟大事业中，同时聚焦“30 · 60”系统解决方案“一个中心”和一体化氢能、综合储能“两个支撑点”，全面加快创新驱动、绿色低碳、数字智慧、共享融合“四大转型”，大力发展战略性新兴产业和未来产业，超前布局与培育新质生产力，不断巩固与增强核心功能、提高核心竞争力。我们依托在能源电力领域的全产业链一体化集成优势，汇集全集团资源与力量，牵头承担和参与了多个国家级氢能课题研究，聚焦氢能制、储、运、加、用、研全产业链，加大核心技术、核心装备、核心工艺、核心模式研发与创新，形成了完整的产业体系和技术储备，取得了绿电氢氨醇核心工艺包等系列技术成果，设计了首座商用液氢综合加能站和S兆瓦级氢能综合利用示范站，投资建设的首座8兆瓦级碱性电解水制氢机组稳暂态特性试验检测平台，形成了电解槽核心设备的制造和检测能力；在中央企业层面率先成立氢能专业化发展公司，全力打造氢能全产业链和一体化发展平台，加快布局绿电、绿氢、绿氨、绿色甲醇、绿色航油等战新产业，在吉林松原、甘肃兰州、河北石家庄等地投资建设了一批战略性示范性引领性项目，其中中能建松原氢能产业园是全球规模最大的绿色氢氨醇一体化项目，是国家发展改革委首批绿色低碳氢能示范项目，实现了“绿电 + 绿氢 + 绿氨 + 绿醇”一体化氢能系统升级，为推动我国能源绿色转型发展注入了强劲地“氢动力”。

展望未来，随着全球能源转型的加速推进和氢能产业的快速发展，可再生能源制氢技术将迎来前所未有的发展机遇，可谓其时已至，其势已成，其兴可待！我们衷心希望《可再生能源制氢发展现状与路径研究报告》能够成为广大读者了解、研究可再生能源制氢的有效窗口与有益参考，也期待更多的有志之士能够加入这一伟大的事业中来，共同推动可再生能源制氢技术的加速创新与迭代升级，助力氢能科技创新与产业创新深度融合，为全面构建清洁低碳安全高效的能源体系、促进全球能源可持续发展贡献新的更大力量！

中国能源建设集团有限公司党委书记、董事长

2024 年 11 月 20 日

序言二

氢能作为一种来源丰富、绿色低碳、应用广泛的二次能源，是未来国家能源体系的重要组成部分，也是用能终端实现绿色低碳转型的重要载体。2022 年 3 月，国家发展改革委、国家能源局联合发布《氢能产业发展中长期规划（2021—2035 年）》，明确了氢能产业的战略定位和绿色低碳的发展方向。可再生能源制氢对促进我国新能源规模化利用、助力实现碳达峰碳中和目标、加快经济社会发展全面绿色转型具有重要意义。

在供应侧，可再生能源制氢是充分发挥氢能作为可再生能源规模化高效利用的重要载体作用及其大规模、长周期储能优势的必由之路。在消费侧，以可再生能源制氢为代表的绿色氢能供应是推动交通、工业等用能终端绿色低碳转型的前提条件。当前，可再生能源制氢面临生产成本高、资源与需求时空分布错配、体制机制及标准不完善、制氢技术装备水平有待提升等一系列问题和挑战，需要政府、企业、高校、科研院所等多方力量协同，推动产学研用贯通，打破可再生能源制氢产业各环节存在的制约和障碍。

为此，提出以下几方面建议。一是标准先行。制定氢产品碳足迹核算标准，结合我国发展实际，进一步明确清洁低碳氢界定标准，并推动与欧盟等的相关标准接轨，为绿氢发展夯实标准基础。

二是降本增效。加大科技研发投入，积极开展可再生能源制氢项目示范，攻克可再生能源制氢难以适应新能源发电间歇性和波动性的技术难题，通过技术创新与市场机制改革，提高可再生能源制氢产业经济性。三是重点突破。在新能源资源丰富的“三北”地区，鼓励配套建设合成氨、合成甲醇等工厂，通过改进氢基能源合成技术来适应新能源发电波动性，促进绿氢就地消纳。四是需求引领。以推动可再生能源制氢在工业领域规模化应用为目标，出台相关支持政策，拓宽绿氢应用场景，强化需求对供给的牵引。

氢能公司牵头编写的《可再生能源制氢发展现状与路径研究报告 2024》阐述了发展可再生能源制氢的重要意义，梳理了相关产业政策与技术装备发展现状，分析了面临的主要挑战和障碍，测算了可再生能源制氢供给潜力和市场需求，提出了推动可再生能源制氢产业可持续发展的实施路径和政策建议，可为企业落地项目、科研机构和高校明确研究方向提供有益借鉴。

中国工程院院士

2024 年 11 月 4 日

概　述

随着可再生能源制氢的碳减排定位逐渐明晰，全球主要国家和地区陆续上调绿氢 / 清洁氢发展目标，完善相关标准体系，并为绿氢制备及电解槽生产项目提供补贴。“十四五”以来，我国也陆续出台各项可再生能源制氢相关政策，引导和支持氢能产业全方位发展。内蒙古、吉林等多地明确提出可再生能源制氢发展目标，推进“风光储 + 氢”“源网荷储 + 氢”等示范项目建设，实施绿氢销售价格、制氢电费补贴，松绑绿氢项目化工园区限制和危化品许可政策，各项举措更加务实落地。随着上游技术装备迭代升级及下游应用场景拓展，国内规模化绿氢示范项目加速扩张，2023 年我国处于不同阶段绿氢项目累计达 40 项，总制氢规模近 18.65 GW；风光氢氨醇模式亦逐步起量，从建成到规划阶段绿醇产能规模已超 750 万 t/a，绿氨产能规模已超 1000 万 t/a。

我国可再生能源制氢产业发展势头强劲，但在经济性、技术、体制机制等方面仍面临挑战和障碍。首先，绿氢生产成本高于煤制氢和天然气制氢，供需的时空错配亟待配套大规模长距离氢气储运能力，加剧了经济性差的难题。其次，绿氢制备技术水平有待提升，大标方碱性电解槽等缺乏长期运行数据，下游消纳技术及场景还处于研发阶段，大规模应用尚需时日。最后，现有体制机制及标准与绿氢产业体系不匹配，大部分地区对化工园区制氢的硬性要求及氢气危化品属性管理很大程度上限制了风光制氢项目的落地。

为破解可再生能源制氢面临的经济、技术、体制机制难题，拟从以下四条路径推动产业高质量发展。一是技术装备创新、体制机制创新、商业模式创新三管齐下，推动绿氢生产成本大幅下降。聚焦制氢设备性能提升和离网制氢技术攻关，探索合理的绿氢存储手段以及下游消纳方式，因地制宜发展大规模风光离网制氢，创新可再生能源制氢并网模式，从“自发自用，余电上网”变为“基电上网，弃电制氢”。二是因地制宜，探索多元化发展模式。拓展绿氢在化工、航运、储能等领域的应用场景，探索绿氢就地转化为化工产品，发展绿色氢基高密度燃料，利用氢氨中长时储能提升电力系统运行可靠性。三是建设基础设施，化解时空错配矛盾。通过在大基地外送线路开辟绿氢专道，建设高压直流输电基础设施和智能电网技术设施，实现需求侧就地制氢；也可在大基地就地制氢，通过输氢 / 掺氢管线实现长距离外送。四是开展离网型可再生能源制氢及下游柔性生产一体化示范。推进光伏、陆地风电及海上风电离网制氢与绿醇、绿氨等下游柔性生产耦合，扩大绿氢应用市场和规模。

为保障可再生能源制氢产业健康有序发展，拟从政策支持、技术标准、财税激励、管理机制等方面提出建议。一是构建全国层面可再生能源制氢支持政策体系。建立跨部门协调机制，制定可再生能源制氢项目生产保障政策，鼓励有条件的地区实施自发自用绿电优先并网、免交部分系统备用容量费和政府性基金及附加费等电价支持政策，探索将绿氢 CCER（国家核证自愿减排量）纳入市场交易品种，打造氢能碳减排的市场化交易机制。二是推动可再生能源制氢关键技术攻关和标准体系完善。支持绿氢装备的国产化研发及规模化应用，完善可再生能源制氢的制、储、输、用标准体系，制定绿醇、绿氨相关标准，推进与国家、国际标准的互认和兼容，筹划实施绿氢领跑者计划，完善并提升可再生能源制氢技术装备的检测、认证、应用等领域基础服务能力，加快绿氢商业化进程。三是鼓励各地区制定可再生能源制氢财税激励政策。鼓励具备条件的地区完善分时电价机制，实施利用弃风、弃光、弃水及谷段电力制氢等电价优惠政策，探索绿氢制备及零部件生产等相关环节享受低增值税税率、所得税“两免三减半”等优惠政策，对采用先进技术的低能耗绿氢项目开展售价或电费补贴，鼓励金融机构加大可再生能源制氢产业绿色金融和信贷支持，鼓励具备条件的地区为可再生能源制氢提供配套风光指标和项目用地支持。四是推动各地区创新可再生能源制氢管理机制。鼓励放开化工园区可再生能源制氢管理限制，松绑绿氢危险化学品安全许可政策，支持离网制氢项目申报，明确项目主管部门，开通绿色申报通道，简化申报流程。

目 录

图目录

表目录

第 1 章

发展可再生能源制氢是建设新型能源体系的必然要求

1.1 氢能是推动能源绿色低碳转型的有力支撑

中国已做出 2030 年前实现碳达峰和 2060 年实现碳中和的庄严承诺，为实现这些目标，除了大幅提升能源利用效率、大力发展可再生能源以外，还需要创新手段来应对碳排放巨大的“难以减排领域”（主要包括工业原料、高品位热源、重卡、船舶等领域）。在能源消费终端，电能具有效率高、污染少等优势，源侧高比例新能源渗透和终端快速电气化将成为实现“双碳”目标的两大重要抓手。然而，电力生产、输送、消费具有瞬时性，储存和运输难度高于煤、石油、天然气等一次能源，加之新能源发电不稳定，很难实现 100% 的电气化。难以实现高比例电气化的行业主要包括长途重卡运输、冶金、石化、航运和航空等。目前，这些行业的碳排放量约占用能领域碳排放总量的 1/3。

氢能作为二次能源，在交通领域可减少汽油、柴油消费；作为高品质热源，在工业领域可减少煤炭、天然气等化石能源消费；作为清洁化工原料和还原剂，可推动形成“风光发电 + 氢储能”一体化、“绿电—绿氢—绿氨（绿色甲醇）”产业链，与地方工业、农业发展相融合，带动相关地区经济社会发展。

在工业领域，氢能可应用于钢铁、化工等行业，实现原料用能、高品位热源等难以减排领域深度脱碳。钢铁生产过程中需要使用焦炭作为还原剂，石化和化工行业需要使用来自化石能源的氢气作为原料，这些领域造成的二氧化碳排放接近 15 亿 t/a，占全国能源排放二氧化碳的 15% 左右。化石能源用作工业原料很难用可再生能源电力来替代，属于“难以减排领域”，而氢能是减少原料碳排放的重要途径。例如，在可再生能源制取的绿氢基础上，应用氢能炼钢技术，可大幅降低钢铁生产的碳排放。根据瑞典 HYBRIT 项目数据，与传统高炉转炉炼钢方式相比，氢能炼钢可降低90%以上的碳排放[①]。目前宝武集团等多个钢铁公司都开展了氢能炼钢示范项目。此外，绿氢还可用于生产合成氨、甲醇等化工产品，进而替代制氢所需的化石能源。在上述工业领域，氢能是最佳的甚至是目前唯一的脱碳方案。

在交通领域，氢能可在重卡、航运等领域与锂电池等技术形成互补。中国是物流运输大国，虽然高铁、电动汽车发展迅速，开始替代传统燃油汽车，但仍有重卡、航运等“难以减排领域”的减排问题亟待解决。以重卡为例，根据中国汽车工业协会分析，中国重卡燃料以柴油为主，柴油重卡占全国汽车保有量仅 7%，产生了 60% 以上的交通领域大气污染物[②]。而重卡载重大，对于动力系统功率要求高，如果采用锂电池技术，电池自重将占整车重量的 2/3 以上；同时很多重卡都采取“换人不换车”长时间运行模式，而锂电池充电时间较长，无法满足这种模式需要；再加上重卡主要分布在中国北方重工业区，低气温对锂电池工作影响严重。综上所述，重卡属于较典型的“难以减排领域”，而氢燃料电池具有能量密度较高、加注时间较短、耐低温等特点，对柴油重卡能够进行有效替代，进而实现交通领域清洁低碳发展。值得一提的是，中国锂电池汽车已具备较好发展基础。实践证明，锂电池汽车在小型轿车、客车等领域表现出众，能效、经济性优越，因此氢燃料电池汽车应与之互补发展，可以专注于重卡、船舶、无人机等对于续航能力和能量密度需求较高的交通领域。

---

① HYBRIT项目计划2026年建成130万吨/年无化石海绵铁厂［N/OL］. 世界金属导报，2021（14）.

② 朱妍．氢能助力深度脱碳渐成现实［N］. 中国能源报，2021-03-01（19）.

1.2 可再生能源制氢是氢能产业绿色低碳发展的必由之路

2023年我国氢气产能约为4952万t[①]，其中化石能源制氢占比为78%，工业副产氢占比为21%，而绿氢在氢能供应结构中占比可以忽略（电解水制氢占比仅为1%）[②]。2023年我国氢气产量超过3570万t[③]，主要作为原料用于化工（如合成甲醇、合成氨）、炼油等工业领域。

着眼中长期，预计2060年我国氢气需求量将超过1亿t，氢能占终端能源消费的比重约为20%，主要作为原料、燃料应用于工业和交通领域（分别占需求总量的60%、30%）[④]。在碳中和情景下，若基于目前以化石能源制氢为主体的氢能供应体系，氢气生产的碳排放量预计高达10亿t/a[⑤]。因此，在推动实现碳中和目标的过程中，氢能供应体系需逐步以绿氢为基础进行重塑，辅以加装碳捕集装置的化石能源制氢方式，才能改变氢能生产侧的高碳格局。预计在碳中和情景下，氢能生产侧的绿氢产量为1亿t，在全部氢能中的占比超过80%[⑥]。绿氢生产总量和占比均逐步提升，在推动氢能供应体系变革的同时，为氢能在能源电力转型中发挥更大价值创造条件。

---

① 中国能源大数据报告（2024）：第七章　储能氢能发展［R］. 中能传媒研究院，2024-06.

② 2024—2029年中国可再生能源制氢（绿氢）行业市场前瞻与投资战略规划分析报告［R］. 前瞻产业研究院，2024-02.

③ 中国能源大数据报告（2024）：第七章　储能氢能发展［R］. 中能传媒研究院，2024-06.

④ 中国氢能源及燃料电池产业创新战略联盟. 中国氢能源及燃料电池产业发展报告［M］. 北京：人民日报出版社，2020.

⑤ 杜忠明，郑津洋，戴剑锋，等. 我国绿氢供应体系建设思考与建议［J］. 中国工程科学，2022，24（6）：64-71.

⑥ 中国氢能源及燃料电池产业创新战略联盟. 中国氢能源及燃料电池产业发展报告［M］. 北京：人民日报出版社，2020.

1.3　绿氢是建设高比例新能源供给消纳体系的重要支撑

中国已成为世界上最大的能源生产国，风电和光伏发电装机容量均位居世界第一。新能源装机容量的快速增长给电网安全稳定运行带来了挑战。“十四五”中后期，预计新能源年发电新增装机容量仍将保持快速增长，新能源电量消纳挑战严峻。我国新能源电量消纳能力主要受限于源荷反向分布、灵活调峰能力不足、新能源基地外送通道不够、电力市场机制不完善等因素，因而加快储能资源配置是提升新能源电量消纳水平的重要途径。

氢储能技术是具备物质和能量双重属性的储能技术，在能量、时间、空间三个维度上具有优势，是仅有的储能容量能达到太瓦级、可跨季节储存的能量储存方式。氢在新型电力系统中存在三种主要应用形式：一是通过电解槽把电变成氢之后，以氢或氢基能源的形式储存起来，再通过燃料电池发电；二是把氢和煤 / 天然气掺烧，国内已有小规模示范；三是把氢制成氨或易于储存的甲醇，用作原料或者燃料。

在电力系统源侧，氢可发挥长时储能的作用，促进波动性电源的平滑上网；在电力系统网端，氢可参与调峰，在能源需求较小的季节存储多余的电量，在能源需求较大的季节释放。随着构建新型电力系统的不断推进，绿电制氢促进新能源电量消纳的优势将逐渐凸显，氢能在建设新型能源体系中可发挥不可替代的作用。氢电耦合等方式可推动形成煤油气、电热氢等灵活转换、多元互补的现代能源体系。

在中长期开展大规模绿电制氢，将绿氢作为新能源电力的重要转换形式，推动氢电融合并实现绿电和绿氢的灵活高效转化，主要有以下三方面价值[①]。一是发挥氢能连接新能源、终端用能的耦合作用，将新能源电力转化为物质形态，丰富新能源消纳途径；促进更高比例的新能源应用，满足下游大规模用氢需求，减少交通等领域对油气的需求，降低油气对外依存度。二是发挥氢能长时储能优势，解决新能源出力和负荷需求存在的长周期、季节性电量不匹配问题；通过氢能发电为电网提供容量支撑，提升新型电力系统的韧性，提高绿色电力安全可靠供应水平。三是绿电制氢过程中产生的绿氧，可满足冶金、化工、机械制造等行业的用氧需求。

① 杜忠明，郑津洋，戴剑锋，等．我国绿氢供应体系建设思考与建议［J］．中国工程科学，2022，24（6）：64-71.

第 2 章

可再生能源制氢产业政策与技术发展现状

2.1 国内外可再生能源制氢政策进展

2.1.1 国际可再生能源制氢产业政策

目前全球已有30多个国家推出氢战略，制定了氢能发展路线图。日本早在2017年就推出了《基本氢能战略》，韩国、德国以及美国也已相继推出氢战略 / 氢能发展路线图。欧盟于2020年发布了《欧盟氢能战略》，支持可再生能源制氢产业发展，以实现2050年碳中和的目标。近年来，全球多地减碳目标逐渐明晰，可再生能源制氢的减碳定位更加凸显。各国氢能政策更加务实，在规划、补贴、标准等方面提出了更明确的目标和更具实效性的发展路径，奠定和注入了全球可再生能源制氢产业规模化发展的基础与动力。

主要国家和地区陆续上调绿氢 / 清洁氢发展目标。欧盟为填补天然气供应缺口、促进可再生能源消纳，在《可再生能源指令》（Renewable Energy Directive，RED）最新修订法案中提出，到2030年工业用氢气中42%应来自非生物来源可再生燃料，到2035年比例提升至60%[①]；并提出到2030年实现1000万t可再生氢本地生产和1000万t可再生氢进口，相当于2030年欧盟可再生氢能需求将达到2000万t，该目标比2020年《欧洲氢能战略》翻了一番[②]。日本于2023年6月发布了《氢能基本战略》（修订版），大幅提高了中长期氢能发展目标，由之前的500万～1000万t调整为2040年的1200万t（含氨）和2050年的

① 中咨公司氢能产业发展咨询中心，能景研究. 2024全球氢能产业展望报告［R］. 2024-03.

② 符冠云，林汉辰. 多国调整氢能发展战略对我国的启示及建议［J］. 中国能源，2023，45（9）：75-81.

2000万t（含氨）[①]。德国2023年新发布的《国家氢能战略》将2030年国内电解水制氢目标由2020年版的5 GW提高到至少10 GW，氢能需求量从90～110 TWh提高至95～130 TWh。美国2023年6月发布的《美国国家清洁氢能战略和路线图》提出2030年、2040年、2050年清洁氢需求分别将达到1000万t、2000万t和5000万t，高于2020年《氢能源计划》的远期目标[②]。

绿氢标准体系逐渐形成，氢基国际贸易将成为新的亮点。欧盟在其新能源顶层法规《可再生能源指令》中新增了绿氢评价标准、氢基能源评价标准，规定了三种可以被计入可再生能源的氢气，包括直接由可再生能源发电所产生的氢气、在可再生能源比例超过90%的地区采用电网供电所生产的氢气以及在低二氧化碳排放限制的地区签订可再生能源电力购买协议后采用电网供电来生产氢气[③]。国际绿氢组织也在其绿氢标准“GHS2.0”中新增了绿色甲醇及绿氨的相关标准，为后续各国绿氢认证及与欧盟的氢基能源贸易打下了标准基础[④]。随着绿氢或清洁氢产能及利用目标上调，以德国、日本为首的发达国家明确制定了氢能进口目标，南美、中东等地区的国家也将氢能国际出口定为氢能发展目标，美国加利福尼亚州氢能中心及海湾沿岸氢能中心的部分项目正计划对日韩以及欧洲出口低碳氢或氢基能源，沙特2023年分别向日本、中国、欧洲输送首批低碳氨，氢基能源贸易将成为国际贸易新的增长点[⑤]。

绿氢/清洁氢补贴体系逐渐向上游制氢端倾斜。各国有关绿氢或清洁氢生产的补贴方案、补贴额度、门槛等逐渐明确，为绿氢规模化发

---

① 符冠云，林汉辰．多国调整氢能发展战略对我国的启示及建议［J］．中国能源，2023，45（9）：75-81.

② 符冠云，林汉辰．多国调整氢能发展战略对我国的启示及建议［J］．中国能源，2023，45（9）：75-81.

③ 中咨公司氢能产业发展咨询中心，能景研究．2024全球氢能产业展望报告［R］．2024-03.

④ 中咨公司氢能产业发展咨询中心，能景研究．2024全球氢能产业展望报告［R］．2024-03.

⑤ 中咨公司氢能产业发展咨询中心，能景研究．2024全球氢能产业展望报告［R］．2024-03.

展打下政策基础。欧盟及各成员国开始密集推出上游制氢及制氢装备补贴与投资，2023 年 3 月欧盟委员会发布“欧洲氢能银行计划”，围绕“选定试点项目”进行最高 4.5 欧元 /kg 的制氢补贴，并于 11 月启动了首批价值 22 亿欧元的氢拍卖[①]。2023 年 10 月，美国能源部宣布投资 70 亿美元，在全美建设 7 个“清洁氢能中心”[②]，投资项目主要包括可再生能源制绿氢、天然气制蓝氢及电制氢等。美国《通胀削减法案》公布了清洁氢气生产税收抵免方案，根据制氢生命周期碳排放量分级给予补贴。法国、意大利、德国、西班牙等国分别提出了价值数十亿元人民币的绿氢及电解槽生产项目补贴。随着各国对绿氢 / 清洁氢项目补贴的密集到位，海外绿氢项目或将迎来集中落地开工阶段[③]。

2.1.2 我国国家层面可再生能源制氢政策

在减少碳排放、保障能源安全、促进经济增长等因素的驱动下，我国制定并发布了一系列氢能产业政策。早在 2006 年，国务院就发布了《国家中长期科学和技术发展规划纲要（2006—2020 年）》，提出重点研究可再生能源制氢技术，这是我国可再生能源制氢行业的政策开端。“十二五”到“十四五”期间，我国可再生能源制氢行业政策从重点推进示范工作逐步转向关注高效低成本技术突破、制氢能力提升及应用推广等方面，稳妥有序推进可再生能源制氢产业发展。

2022 年 3 月，国家发展改革委和国家能源局联合印发《氢能产业发展中长期规划（2021—2035 年）》，明确我国可再生能源制氢行业发展目标为：到 2025 年，可再生能源制氢量达到 10 万 t/a 至 20 万 t/a，成为新增氢能消费的重要组成部分；到 2030 年，实现可再生能源制氢广泛应用，有力支撑碳达峰目标实现；到 2035 年，可再生能源制氢在

① 中咨公司氢能产业发展咨询中心，能景研究．2024 全球氢能产业展望报告［R］．2024-03.
② 中咨公司氢能产业发展咨询中心，能景研究．2024 全球氢能产业展望报告［R］．2024-03.
③ 中咨公司氢能产业发展咨询中心，能景研究．2024 全球氢能产业展望报告［R］．2024-03.

终端能源消费中的比重明显提升，对能源绿色转型发展起到重要支撑作用[①]。此后，国家陆续出台各项可再生能源制氢相关政策，支持高效利用廉价且丰富的可再生能源制氢，引导可再生能源制氢行业产业链上中下游的发展，为可再生能源制氢行业的发展提供了良好的环境。我国可再生能源制氢发展相关政策如表 2-1 所示。

表 2-1　我国国家可再生能源制氢发展相关政策

序号	发布时间	发布部门	政策名称	相关内容
1	2024 年 4 月	工业和信息化部	国家工业和信息化领域节能降碳技术装备推荐目录（2024 年版）	涵盖兆瓦级固体聚合物电解质电解水制氢技术、规模化风光离网直流制氢技术、风光制绿氢合成氨技术等适用于可再生能源制氢工艺
2	2024 年 4 月	国家发展改革委、工业和信息化部、自然资源部、生态环境部、国家能源局、国家林草局	关于支持内蒙古绿色低碳高质量发展若干政策措施的通知	探索现代煤化工与绿氢、碳捕集利用与封存耦合发展模式
3	2024 年 3 月	国家发展改革委	绿色低碳先进技术示范项目清单（第一批）	河北张家口风氢一体化源网荷储综合示范工程项目（一期）、内蒙古 50 万 kW 风电制氢制氨一体化示范项目、吉林氢能产业园（绿色氢氨醇一体化）示范项目
4	2024 年 3 月	国家能源局	2024 年能源工作指导意见	有序推进氢能技术创新与产业发展，稳步开展氢能试点示范，重点发展可再生能源制氢，拓展氢能应用场景
5	2024 年 2 月	工业和信息化部	关于印发工业领域碳达峰碳中和标准体系建设指南的通知	重点制定可再生能源低成本制氢等技术与装备标准

① 国家发展改革委　国家能源局．氢能产业发展中长期规划（2021—2035 年）[EB/OL]. 2022-03-23. http://zfxxgk.nea.gov.cn/2022-03/23/c_1310525630.htm.

续表

序号	发布时间	发布部门	政策名称	相关内容
6	2023年12月	国家发展改革委	产业结构调整指导目录（2024年本）	可再生能源制氢技术开发应用及设备制造，新一代氢燃料电池技术研发与应用，可再生能源制氢、氢电耦合等氢能技术推广应用
7	2023年12月	工业和信息化部	重点新材料首批次应用示范指导目录（2024年版）	新型能源材料：碱性电解水制氢用复合隔膜
8	2023年10月	国家能源局	关于组织开展可再生能源发展试点示范的通知	探索推进具有海上能源资源供给转换枢纽特征的海上能源岛建设，建设包括但不限于海上风电、海上光伏、海洋能、制氢（氨、甲醇）、储能等多种能源资源转换利用一体化设施。海上风电制氢等海洋综合立体开发利用示范类型不少于2种
9	2023年10月	国家发展改革委、国家能源局、工业和信息化部、生态环境部	关于促进炼油行业绿色创新高质量发展的指导意见	推动炼油行业与可再生能源融合发展，鼓励企业大力发展可再生能源制氢。支持建设绿氢炼化示范工程，推进绿氢替代，逐步降低行业煤制氢用量
10	2023年10月	国务院	关于推动内蒙古高质量发展奋力书写中国式现代化新篇章的意见	开展大规模风光制氢、新型储能技术攻关，推进绿氢制绿氨、绿醇及氢冶金产业化应用
11	2023年8月	国家发展改革委、科技部、工业和信息化部、财政部、自然资源部、住房和城乡建设部、交通运输部、国务院国资委、国家能源局、中国民航局	绿色低碳先进技术示范工程实施方案	绿氢减碳示范项目：包括低成本（离网、可中断负荷）可再生能源制氢示范，氢燃料电池研发制造与规模化示范应用，氢电耦合示范应用，等等
12	2023年8月	国家标准委、国家发展改革委、工业和信息化部、生态环境部、应急管理部、国家能源局	氢能产业标准体系建设指南（2023版）	加快制定可再生能源水电解制氢等方面的标准，包括水电解制氢、光解水制氢等氢制备标准

续表

序号	发布时间	发布部门	政策名称	相关内容
13	2023 年 4 月	国家标准委联合国家发展改革委、工业和信息化部	关于印发《碳达峰碳中和标准体系建设指南》的通知	氢能领域重点完善全产业链技术标准，加快制修订电解水制氢系统及其关键零部件标准
14	2022 年 12 月	工业和信息化部、国家发展改革委、住房和城乡建设部、水利部	关于深入推进黄河流域工业绿色发展的指导意见	统筹考虑产业基础、市场空间等条件，有序推动山西、内蒙古、河南、四川、陕西、宁夏等省区绿氢生产，推动宁东可再生能源制氢与现代煤化工产业耦合发展
15	2022 年 10 月	国家能源局	关于建立《“十四五”能源领域科技创新规划》实施监测机制的通知	集中攻关的氢能制备关键技术包括可再生能源电解水制氢的质子交换膜（PEM）和低电耗、长寿命高温固体氧化物（SOEC）电解制氢关键技术，开展太阳能光解水制氢等新型制氢技术基础研究
16	2022 年 8 月	工业和信息化部、财政部、商务部、国务院国资委、市场监管总局	加快电力装备绿色低碳创新发展行动计划	着力攻克可再生能源制氢等技术装备
17	2022 年 8 月	科技部、国家发展改革委、工业和信息化部、生态环境部、住房和城乡建设部、交通运输部、中国科学院、工程院、国家能源局	科技支撑碳达峰碳中和实施方案（2022—2030 年）	研发可再生能源高效低成本制氢技术等
18	2022 年 8 月	工业和信息化部、国家发展改革委和生态环境部	工业领域碳达峰实施方案	鼓励有条件的地区利用可再生能源制氢，优化煤化工、合成氨、甲醇等原料结构
19	2022 年 7 月	国家发展改革委、工业和信息化部、自然资源部、生态环境部、水利部、应急管理部	关于推动现代煤化工产业健康发展的通知	在资源禀赋和产业基础较好的地区，推动现代煤化工与可再生能源、绿氢、二氧化碳捕集利用与封存（CCUS）等耦合创新发展

续表

序号	发布时间	发布部门	政策名称	相关内容
20	2022年6月	国家发展改革委、国家能源局、财政部、自然资源部、生态环境部、住房城乡建设部、农业农村部、中国气象局、国家林草局	“十四五”可再生能源发展规划	开展规模化可再生能源制氢示范：在可再生能源发电成本低、氢能储输用产业发展条件较好的地区，推进可再生能源发电制氢产业化发展，打造规模化的绿氢生产基地 加强可再生能源前沿技术和核心技术装备攻关：突破适用于可再生能源灵活制氢的电解水制氢设备关键技术；推进适用于可再生能源制氢的新型电解水设备研制
21	2022年3月	工业和信息化部、国家发展改革委、科学技术部、生态环境部、应急管理部、国家能源局	关于“十四五”推动石化化工行业高质量发展的指导意见	鼓励石化化工企业因地制宜、合理有序开发利用“绿氢”，推进炼化、煤化工与“绿电”“绿氢”等产业耦合示范

资料来源：作者根据发布政策整理。

工业领域绿色转型将可再生能源制氢作为重要发展点。随着石油化工、煤化工等工业领域加快绿色转型步伐，工业能源脱碳路径中可再生能源制氢作为高碳排放氢气来源的绿色替代方案逐渐成为不可或缺的一环。2022年，工业和信息化部、国家发展改革委会同有关部门先后印发《关于“十四五”推动石化化工行业高质量发展的指导意见》《关于推动现代煤化工产业健康发展的通知》《工业领域碳达峰实施方案》《关于深入推进黄河流域工业绿色发展的指导意见》，鼓励有条件的地区利用可再生能源制氢，优化煤化工、合成氨、甲醇等原料结构。2023年，国家发展改革委会同有关部门印发《关于促进炼油行业绿色创新高质量发展的指导意见》，推动炼油行业与可再生能源融合发展，鼓励企业大力发展可再生能源制氢。2024年4月，国家发展改革委等部门印发《关于支持内蒙古绿色低碳高质量发展若干政策措施的通知》，提出探索现代煤化工与绿氢、碳捕集利用与封存耦合发展模式。

积极推进可再生能源制氢技术研发和项目示范。为推动可再生能源制氢产业的快速发展，政策主要从两个方面进行支持：一是推进重点行业可再生能源制氢核心技术的研发。2022 年，工业和信息化部等部门印发《加快电力装备绿色低碳创新发展行动计划》，提出着力攻克可再生能源制氢等技术装备；科技部等部门印发《科技支撑碳达峰碳中和实施方案（2022—2030 年）》，提出研发可再生能源高效低成本制氢技术等。2023 年，国务院印发《关于推动内蒙古高质量发展奋力书写中国式现代化新篇章的意见》，明确提出开展大规模风光制氢、新型储能技术攻关，推进绿氢制绿氨、绿醇及氢冶金产业化应用；同年，国家发展改革委发布《产业结构调整指导目录（2024 年本）》，将可再生能源制氢技术开发应用及设备制造、氢电耦合等氢能技术推广应用列入其中。二是推进绿氢在各领域的示范应用。2024 年，国家发展改革委发布《绿色低碳先进技术示范项目清单（第一批）》，将河北张家口风氢一体化源网荷储综合示范工程项目（一期）、内蒙古 50 万 kW 风电制氢制氨一体化示范项目、吉林氢能产业园（绿色氢氨醇一体化）示范项目列入其中。2023 年，国家能源局印发《关于组织开展可再生能源发展试点示范的通知》，推进海上风电制氢等海上能源岛示范建设；同年，国家发展改革委会同有关部门印发《绿色低碳先进技术示范工程实施方案》，推进低成本（离网、可中断负荷）可再生能源制氢示范、氢电耦合示范应用等绿氢减碳示范项目建设。同时，在炼油行业提出支持制氢用氢降碳，推进绿氢炼化的规模化示范项目；在电力行业相关政策强调氢储能与其他新型储能技术的融合发展，探索模式、推进示范等。

不断健全可再生能源制氢产业标准体系。针对可再生能源制氢产业的核心技术和关键应用场景，相关的标准也在不断完善。2023 年 8 月，国家标准委、国家发展改革委等六部门联合印发《氢能产业标准体系建设指南（2023 版）》，是国家层面首个氢能全产业链标准体系建设指南，明确提出加快制定可再生能源水电解制氢等方面的标准，包括水电解制氢、光解水制氢等氢制备标准，并将水电解制氢系统能效限定值及能效等级、燃料电池模块安全等标准列入了“核心标准”清单。2024 年 2 月，工业和信息化部印发《关于印发工业领域碳达峰碳中和标准体系建设指南的通知》，提出重点制定可再生能源低成本制氢等技术与装备标准。随着氢能产业链各环节标准的不断健全，我国可再生能源制氢的标准也随之完善，推动行业向高质量发展迈进。

2.1.3　我国地方层面可再生能源制氢政策

“十四五”以来可再生能源制氢行业迎来了密集的政策发布期，全国各地纷纷出台可再生能源制氢行业政策文件，北京、河北、四川、辽宁等地还纷纷出台了氢能产业发展实施方案，扩大绿氢生产规模、突破电解水制氢设备关键技术成为政策焦点。各省（区、市）可再生能源制氢发展相关政策见附录。

多个省市明确了“十四五”期间可再生能源制氢发展目标。内蒙古自治区初步确立绿氢生产全国领先地位，提出到 2025 年绿氢生产能力突破50万t，绿氢产能在全国占比超过50%[①]。甘肃省[②]、吉林省[③]则提出可再生能源制氢能力达到 20 万 t/a 的目标。青海省提出到 2025 年绿氢生产能力达 4 万 t 左右，建设绿电制氢示范项目不少于 5 个，绿氢全

① 内蒙古自治区人民政府办公厅. 关于印发自治区新能源倍增行动实施方案的通知［EB/OL］. 2023-10-23. http://fgw.nmg.gov.cn/ywgz/tzgg/202311/t20231110_2408765.html.

② 甘肃省人民政府办公厅. 关于印发甘肃省“十四五”能源发展规划的通知［EB/OL］. 2021-12-31. http://www.gansu.gov.cn/gsszf/c100055/202201/1947911.shtml.

③ 吉林省人民政府办公厅. 关于印发抢先布局氢能产业、新型储能产业新赛道实施方案的通知［EB/OL］. 2023-12-01. http://xxgk.jl.gov.cn/szf/gkml/202312/t20231204_8847198.html.

产业链产值达到 35 亿元[①]。江西省提出可再生能源制氢量达到 1000 t/a 的目标，成为新增氢能消费和新增可再生能源消纳的重要组成部分[②]。河南省多个市也提出了“十四五”期间可再生能源制氢的目标，郑州市低碳氢供应能力达到 1 万 t/a[③]，濮阳市绿氢产能达到 1 万 t/a[④]，新乡市可再生能源制氢能力达到 8000 t/a[⑤]。新疆维吾尔自治区克拉玛依市提出到 2025 年，形成以工业副产氢和可再生能源制氢就近利用为主的氢能供应体系，“绿氢”产能达到 10 万 t/a 以上，实现制氢成本 18 元 /kg 以下[⑥]。多个省市可再生能源制氢发展目标明确，氢能专项政策更加务实落地，精准引导和支持氢能产业全方位发展。

各地正在加速建设可再生能源制氢示范项目。各地政策已从规划阶段进入落地实施阶段，为“以点带面”加快推进可再生能源制氢产业发展，各地因地制宜推进城市群、海岛等绿氢示范项目建设。京津冀可再生能源制氢产业发展深度融入协同发展大局，着力推动氢能技术研发和示范应用，推动氢能产业集聚发展[⑤]。上海市结合海上风电规划布局和区域用氢需求，打造世界级规模化深远海风电制氢基地，并

---

① 青海省发展和改革委员会．关于印发《青海省氢能产业发展三年行动方案（2022—2025 年）》的通知［EB/OL］. 2022-12-09. http://fgw.qinghai.gov.cn/zfxxgk/sdzdgknr/fgwwj/202301/t20230112_83436.html.

② 江西省发展改革委，江西省能源局. 关于印发江西省氢能产业发展中长期规划（2023—2035 年）的通知［EB/OL］. 2023-01-19. http://drc.jiangxi.gov.cn/art/2023/1/30/art_14590_4343650.html.

③ 郑州市人民政府办公厅. 关于印发郑州市氢能产业发展中长期规划（2024—2035 年）的通知［EB/OL］. 2024-03-12. https://public.zhengzhou.gov.cn/D5105X/8327300.jhtml.

④ 濮阳市人民政府办公室．关于印发濮阳市氢能产业发展规划（2022—2025 年）的通知［EB/OL］. 2022-12-11. https://www.puyang.gov.cn/shownews.asp?id=1000005053.

⑤ 新乡市人民政府．关于印发新乡市氢能产业发展中长期规划（2022—2035 年）的通知［EB/OL］. 2022-12-29. http://www.xinxiang.gov.cn/sitesources/xxsrmzf/page_pc/zwgk/ghygb/zxgh/article47694214c17a4938bf60b64341ddd784.html.

⑥ 克拉玛依市人民政府办公室．克拉玛依市氢能产业发展行动计划（2023—2025 年）［EB/OL］. 2023-07-07. https://www.klmy.gov.cn/klmys/qczcwj/202307/4d3f8f310b6a4c958f768fba27370b6e.shtml.

⑤ 北京市经济和信息化局. 关于印发《北京市氢能产业发展实施方案（2021—2025 年）》的通知［EB/OL］. 2021-08-16. https://www.beijing.gov.cn/zhengce/zhengcefagui/202108/t20210817_2469561.html.

结合崇明世界级生态岛建设和全市有关布局，打造零碳氢能示范社区[①]。山西省结合资源禀赋和产业布局，在大同、朔州、忻州、吕梁等风光资源丰富地区，开展可再生能源制氢和储能示范[②]。吉林省以“三步走”方式，按“一区、两轴、四基地”布局氢能产业，打造“中国北方氢谷”，横向构建“白城—长春—延边”氢能走廊，纵向构建“哈尔滨—长春—大连”氢能走廊，积极建设吉林西部国家级可再生能源制氢规模化供应基地、长春氢能装备研发制造应用基地、吉林中西部多元化绿色氢基化工示范基地和延边氢能贸易一体化示范基地[③]。安徽省支持在淮北、宿州、蚌埠、淮南、滁州、六安、亳州等地，结合低谷电力开展多能互补，因地制宜开展可再生能源电解水制氢项目示范，促进可再生能源消纳[④]。河南省鼓励风光资源较好的豫北、豫西等区域，探索建设风电制氢、光伏制氢等可再生能源制氢示范项目[⑤]。广东省在大容量深远海海上风电资源富集区域开展海上风电制氢示范[⑥]。青海省在西宁市、海西州、海南州推动三大绿氢生产示范区建设，实施一批可再生能源电解水制氢示范项目[⑦]。内蒙古自治区优先在包头市、鄂尔

---

① 上海市发展和改革委员会，等. 关于印发《上海市氢能产业发展中长期规划（2022—2035年）》的通知［EB/OL］. 2022-05-08. https://fgw.sh.gov.cn/fgw_gjscy/20220617/f380fb95c7c54778a0ef1c4a4e67d0ea.html.

② 山西省发展和改革委员会，山西省工业和信息化厅. 关于印发《山西省氢能产业链2023年行动方案》的通知［EB/OL］. 2023-04-21. https://fgw.shanxi.gov.cn/sxfgwzwgk/sxsfgwxxgk/xxgkml/zfxxgkxgwj/202304/t20230425_8429764.shtml.

③ 吉林省人民政府办公厅. 关于印发“氢动吉林”中长期发展规划（2021—2035年）的通知［EB/OL］. 2022-10-14. http://xxgk.jl.gov.cn/szf/gkml/202210/t20221019_8601723.html.

④ 安徽省发展和改革委员会，安徽省能源局. 安徽省氢能产业发展中长期规划［EB/OL］. 2022-03-25. https://www.ah.gov.cn/public/1681/554184001.html.

⑤ 河南省人民政府办公厅. 关于印发河南省氢能产业发展中长期规划（2022—2035年）和郑汴洛濮氢走廊规划建设工作方案的通知［EB/OL］. 2022-08-26. https://www.henan.gov.cn/2022/09-06/2602465.html.

⑥ 广东省发展改革委，等. 关于印发广东省加快氢能产业创新发展意见的通知［EB/OL］. 2023-10-30. https://sqzc.gd.gov.cn/rdzt/lsfz/gdzc/content/post_4339561.html.

⑦ 青海省发展和改革委员会，青海省能源局. 关于印发《青海省氢能产业发展三年行动方案（2022—2025年）》的通知［EB/OL］. 2022-12-09. http://fgw.qinghai.gov.cn/zfxxgk/sdzdgknr/fgwwj/202301/t20230112_83436.html.

多斯市开展“风光储 + 氢”“源网荷储 + 氢”等新能源制氢示范，同时，探索利用弃风弃光电量制氢平衡电网负荷的技术示范，优先在大型工业企业聚集地区及氢能应用示范区推广谷电制氢示范项目，推动新能源制氢规模化发展[①]。

多地逐渐开展可再生能源制氢补贴示范。为加快推进可再生能源制氢发展，多地出台政策对绿氢生产项目进行补贴，多以绿氢销售量直接补贴的方式为主。如吉林省对年产绿氢 100 t 以上（含 100 t）的项目，以首年每千克 15 元的标准为基数，采取逐年退坡的方式（第 2 年按基数的 80%、第 3 年按基数的 60%），连续 3 年给予补贴支持，每年最高补贴500万元[②]；内蒙古自治区鄂尔多斯市[③]、新疆维吾尔自治区克拉玛依市[④]等提出对当地氢气产能大于 5000 t/a 的风光制氢一体化项目主体，按实际售氢量进行 1500 元 /t 至 4000 元 /t 的退坡补贴；四川省成都市对制氢能力 500 Nm^3/h 以上（含 500 Nm^3/h）的电解水制氢企业，按实际电解水制氢电量给予 0.15~0.20 元 /kWh 的电费补贴，补贴后到户电价不低于 0.3 元 /kWh 左右水平，每年补贴额度最高不超过2000万元[⑤]；河南省濮阳市对绿氢出厂价格不高于同纯度工业副产氢平均出厂价格，且用于本市加氢站加注的累计供氢量，首年给予每千克 15 元补贴，此后逐年按 20% 退坡，每年最高不超过 500 万元[⑥]。此外，

---

① 内蒙古自治区人民政府办公厅．关于促进氢能产业高质量发展的意见［EB/OL］. 2022-02-26. https://www.nmg.gov.cn/zwgk/zfxxgk/zfxxgkml/202203/t20220303_2012066.html.

② 吉林省人民政府．关于印发支持氢能产业发展若干政策措施（试行）的通知［EB/OL］. 2022-11-30. http://xxgk.jl.gov.cn/szf/gkml/202212/t20221205_8643380.html.

③ 鄂尔多斯市人民政府办公室．关于印发支持氢能产业发展若干措施的通知［EB/OL］. 2023-08-09. http://www.ordos.gov.cn/ordosml/ordoszf/202308/t20230829_3478345.html.

④ 克拉玛依市人民政府．克拉玛依市支持氢能产业发展的有关扶持政策［EB/OL］. 2023-11-01. https://www.klmy.gov.cn/klmys/tzzc/202310/df695b045b9a4f2cbe0d2c4a8b9b0b1c.shtml.

⑤ 成都市经济和信息化局．关于印发《成都市优化能源结构促进城市绿色低碳发展政策措施实施细则（试行）》的通知［EB/OL］. 2024-01-05. https://cdjx.chengdu.gov.cn/cdsjxw/c160804/2024-01/05/content_04634287a6324af5b57e566a7aa3b818.shtml.

⑥ 濮阳市人民政府．关于印发濮阳市促进氢能产业发展扶持办法的通知［EB/OL］. 2022-07-13. http://jrgzj.puyang.gov.cn/pc/fwzx.asp?a=newsview&id=6069.

多地对于加氢制氢一体站也实施相关补贴措施，如广东省深圳市对电解水制氢加氢一体站电解水制氢用电价格执行蓄冷电价政策[①]；辽宁省大连市对加氢站氢气来源为可再生能源发电制取、电解水“零碳”绿氢的，对提供氢源的制氢企业给予 10 元 /kg 的补贴[②]。

多地开始探索绿氢制用更便捷的创新性政策。一是优化绿氢生产和使用的限制政策。2023 年 6 月发布的《河北省氢能产业安全管理办法》明确提出化工企业的氢能生产应取得危险化学品安全生产许可，绿氢生产不需取得危险化学品安全生产许可[③]，这是国内首个对可再生能源制氢在危化品许可方面放开的政策。同时，该文件提出允许在化工园区外建设电解水制氢（太阳能、风能等可再生能源）等绿氢生产项目和制氢加氢一体站。吉林省、广东省、新疆维吾尔自治区、河南省郑州市、海南省海口市、浙江省湖州市、上海市等地也均提出允许在非化工园区建设制氢加氢一体站等。二是明确加氢站的管理流程及办法。允许加氢制氢项目租赁土地建设运营，如辽宁省沈阳市大东区明确规定允许租赁土地建设加氢站[④]，有效降低了加氢站企业初期投入成本，简化了企业土地管理和维护流程。同时，明确了加氢站的主管部门，如浙江嘉兴提出明确市住建局为全市加氢站建设运营的行业主管部门[⑤]，新疆维吾尔自治区阿勒泰地区布尔津县提出由住建部门核发

---

① 深圳市人民政府办公厅．关于印发深圳市促进绿色低碳产业高质量发展若干措施的通知［EB/OL］. 2022-12-12. http://www.sz.gov.cn/gkmlpt/content/10/10351/post_10351694.html#749.

② 大连市发展和改革委员会.《大连市氢能产业发展专项资金管理办法（2023—2025）》（征求意见稿）向社会公开征求意见［EB/OL］. 2023-11-30. https://pc.dl.gov.cn/art/2023/11/30/art_2480_2267115.html.

③ 河北省人民政府办公厅. 关于印发河北省氢能产业安全管理办法（试行）的通知［EB/OL］. 2023-06-26. http://hebfb.apps.hebei.com.cn/hebfb/index.php/Home/Essay/read.html?id=6101.

④ 沈阳市大东区人民政府．关于印发《大东区支持氢能暨氢燃料电池汽车产业高质量发展的若干政策措施》的通知［EB/OL］. 2023-12-28. http://www.sydd.gov.cn/zwgk/fdzdgknr/zfwj/sddzfwj/202312/t20231229_4582805.html.

⑤ 嘉兴市住房和城乡建设局，等. 嘉兴市燃料电池汽车加氢站建设运营管理实施意见（试行）［EB/OL］. 2023-09-15. https://jsj.jiaxing.gov.cn/art/2023/9/22/art_1229373161_2491634.html.

燃气经营许可证（氢燃料电池汽车加氢站）[①]。

2.2　可再生能源制氢技术发展现状

可再生能源制氢的主要表现形式就是电解水制氢，是指水分子在直流电作用下被解离生成氧气和氢气，分别从电解槽阳极和阴极析出。根据工作原理和电解质的不同，电解水制氢技术通常分为四种，分别是碱性电解水技术、质子交换膜电解水技术、高温固体氧化物电解水技术和固体聚合物阴离子交换膜电解水技术。“双碳”目标提出后，国内电解水制氢项目规划和推进逐步加快，碱性电解水制氢技术已完成商业化进程，产业链发展成熟，且具备成本优势，已实现大规模应用；质子交换膜电解水技术则处于商业化初期，产业链国产化程度不足，电解槽双极板、膜材料以及铂、铱等贵金属催化剂材料成本高且极度依赖进口；高温固体氧化物电解水技术和固体聚合物阴离子交换膜电解水技术还处于研发示范阶段，未实现商业化应用。

电解水制氢四种技术基本原理相同，但在电解槽材料和电解反应条件上存在差异。四者都在氧化还原反应过程中，阻止电子的自由交换，将电荷转移过程分解为外电路的电子传递和内电路的离子传递，从而实现氢气的产生和利用，技术成熟度、运行温度、电流密度等反应条件各异。

2.2.1　碱性电解水制氢

碱性电解水制氢技术具有结构简单、制氢成本较低、易于实现大

---

① 布尔津县人民政府．关于公开征求对《布尔津县加氢站管理办法（暂行）（征求意见稿）》意见的公告［EB/OL］．2023-11-24．https://brj.gov.cn/zwgk/003001/003001005/20231124/8c49e083-8538-4e25-8d57-1c6633fd832f.html.

规模储能等优点，是商业化最成熟的技术路线。

2.2.1.1 碱性电解水制氢技术路线

碱性电解水制氢系统的核心是碱性电解槽主体。目前碱性电解槽有三种技术路线，分别是圆形带压（最常见）、方形常压和模块化（撬装产品）。方形与圆形电解槽优势与劣势互补，未来碱性电解槽将会实现方形槽与圆形槽技术交叉互补、趋同融合，逐渐朝着高电密、大型化、宽功率波动、模块化、智能化五大方向发展[①]。

圆形带压电解槽采用拉杆紧固设计，耐压性好，更容易实现压力密封[②]。而对电解槽内部加压，能够降低电解水产生的气泡，更易降低电耗，而且在某些应用场景下可以直接省去气体压缩设备，节省设备投资和中间操作环节。金属圆形带压技术路线的相关产业链配套也最为成熟，但由于金属圆形带压电解槽采用的是碳钢金属极框，体型庞大、设备沉重，导致运输不便、停机维修成本较高等问题。

对于圆形电解槽，通过依次叠放极板—极框、电解、隔膜、密封垫片等关键部件形成了堆栈结构式的电解槽。极板和极框是电解槽的支撑骨架，用于支撑电极和隔膜以及导电，其一般采用镍板或不锈钢金属板，通过机加工冲压成乳突结构，并与极框焊接后镀镍形成。隔膜的主要作用是分割阴阳极腔室，防止氢气氧气混合，当前常用的隔膜包括聚苯硫醚隔膜、聚砜类隔膜和聚醚醚酮隔膜，国内外主要生产厂家有 Agfa、东丽、天津工业大学以及碳能科技。电极是电化学反应发生的场所，也是决定电解槽制氢效率的关键，目前大多电解槽使用的电极为镍基电极，常见的如镍网、泡沫镍等。为了提高电极的活性

---

① 高工氢电．“圆”or“方”，碱性电解槽也有路线之争？［EB/OL］．2024-01-18．https://www.sohu.com/a/751943476_120717004.

② 高工氢电．“圆”or“方”，碱性电解槽也有路线之争？［EB/OL］．2024-01-18．https://www.sohu.com/a/751943476_120717004.

位点数目和电解效率，通常在电极表面通过喷涂、电镀、化学镀等方式进行催化剂负载，例如高活性镍基催化剂（雷尼镍、Ni-Mo 合金）和贵金属催化剂。目前，国内的辉瑞丝网、保时来、北京盈锐优创氢能科技有限公司等已经基本实现镍网电极和催化剂喷涂工艺国产化。垫片是电解槽密封的主要部件，靠两侧端板上的拉杆和螺栓链接锁紧产生压力使垫片和极板之间紧密结合，防止结合面渗漏和垫片本身渗透泄漏。当前，常用的密封材料有聚四氟乙烯（PTFE）、改性 PTFE、橡胶类产品等。

方形常压电解槽来源于传统的氯碱行业，与高压系统相比具有以下特点：一是常压系统下氢气泄漏速度会明显下降，具有更好的安全性；二是方形常压内部流场分布更均匀、合理，有效抑制了杂散电流；三是方形碱性电解槽的单元槽之间互相独立，有利于后期拆装检修；四是常压电解槽采用模块化设计，适用于风电、光伏等可再生能源大规模制氢。常压方形电解槽技术路线虽然不考虑耐压问题，但在下游高压力场景应用时，需要增加压缩设备，进而增加设备投资和管理风险；而且方形常压电解槽的占地面积较大。

方形电解槽主要结构可以分为电解反应区和气液分离区。方形电解槽与圆形电解槽的不同主要体现在以下结构中：弹性片 / 弹性网、保护网、双极板的导电筋板和溢流装置等。弹性片 / 弹性网：弹性体一般在阴极侧安装，弹性片和弹性网为常用的弹性体结构，运行工作中阴极网在弹性体的作用下，直接与离子膜接触，使得弹性体与阴极网的接触点增加，提升电流分布均一性；同时，弹性体的加入使得阴、阳极间距只有离子膜的厚度，降低了极网间的过电压；提高阴极弹性体的弹力，使弹性体施加给阴极网的压力更均一，有助于阴极耐阳极侧的逆压能力的提升。

为满足加工制造和结构简化的需求，弹性网逐渐成为方形电解槽弹性装置的主流结构。弹性网普遍采用点焊的方式固定在阴极网上，同时弹性网外侧覆盖保护面网。弹性网是由直径约 0.2 mm 的镍丝编制，由机械压花折弯，使其具备一定弹性的丝网产品，镍丝呈波纹状分布，以保证其具有一定的弹性形变量。极网由纯镍线材编制加工，特殊涂层是膜极距电解槽电极重要组成部分；保护网是保护电解槽电极的产品，也是由金属线材编制，防止电极弹性网、极网脱落。

导电筋板：极板用于分隔相邻两个小室的气体与液体，与圆形电解槽不同的是，在方形电解槽的极板上有导电筋板，用于传导极板与电极之间的电流，保证电极网和面网在平面方向上的电流均匀性；同时，导电筋板之间的孔隙可以用于电解液的定向传输，有助于提高电解液的分布均匀性。

溢流装置：与圆形电解槽的另外一处不同的是，方形电解槽在每个小室上方设置有用于气液分离的溢流装置，溢流装置的加入对提高膜的使用寿命、提升气液分离效率具有重要作用。气体和电解液在单元槽的上部凹处特殊的缓冲装置处分离，顶仓内加入分离隔板减少了阴 / 阳极室内的压力变动，电解室中采用溢流的模式使得气液分离时产生很小的压力波动，提高了膜的寿命。典型的结构在阴阳极室的上方分别设有气液分离室，对阴极而言，在阴极气液分离室的底部靠近本阴极气液分离室的阴极的一侧设有长条形的阴极气液分离室进液口，在阴极气液分离室的底部靠近本阴极气液分离室的复合板的一侧设有阴极气液分离室回流口，阴极气液分离室内沿前后方向设有用于破碎泡沫的阴极气液分离过滤网，阴极气液分离过滤网的边缘与阴极气液分离室的内壁固定相连；气液分离室的侧壁上分别设有排液管。

2.2.1.2 碱性电解水制氢生产系统

碱性电解水制氢生产系统包括风力发电、光伏发电、电解水制氢装置、储能装置、储氢系统和氢气合成等。通过调度需求或者协调控制策略定向地调节风 / 光输出功率、储能充放电功率及制氢需求功率、氢气合成产能，可最大限度地利用风电和光伏发电量，进一步提高风 / 光发电利用率，解决大规模风光“消纳受限”问题以及可再生能源制氢成本居高不下的问题。

电解水制氢生产系统包含运营调度、生产控制、仿真验证等多种功能，是电解水制氢项目控制成本的核心技术。项目初期，可以基于当地风光资源、消纳等因素，对风光出力、储能、制氢产能等进行初步优化，提高设备利用小时数，为项目提供良好基因。项目建设过程中，通过生产系统为项目设计提供理论依据，实现设计优化，降低投资成本，验证工艺流程，提高开车成功率。运行过程中，通过生产系统可以进一步提高可再生能源利用率，随着设备及系统的长时间运行，通过大数据分析优化调度策略和生产控制，提高产能，进一步提高项目收益率。目前，氢能公司在松原项目中使用了自研的氢能源基地智慧管理系统，涵盖了风光氢氨醇匹配优化设计，风光氢氨醇智能调度，打通新能源、制氢、柔性合成氨的一体化智慧生产等功能，为项目绿色产品的生产及项目的投资收益提供了有力的保障。此外，阳光氢能也开发了基于新能源制氢的柔性制氢系统，但尚未在项目上开展应用。

2.2.1.3　碱性电解技术优缺点

碱性电解槽是发展时间最长、技术最为成熟的电解槽，具有操作简单、成本低的优点，在大规模制氢工业中使用比较普遍，但其缺点是效率低。

2.2.1.4　碱性电解技术发展现状

（1）国内碱性电解技术发展现状

目前，碱性电解水制氢在国内已经工业化，我国电解水装置的安装总量在 1500~2000 套，通过电解水所制氢气总量在 8×10^4 t/a，碱性电解水技术占绝对主导地位①。在碱性电解水设备方面，宏泽科技在2023年6月发布了100～2000 Nm^3/h的Hz碱性水制氢电解槽产品，其2000 Nm^3/h的Hz电解槽电流密度高，额定电流密度为8000 A/m^2，稳态下直流能耗为4.30 kWh/Nm^3；三一氢能有限公司在2023年12月8日也发布了S系列3000 Nm^3方形电解槽。目前我国已发展成为名副其实的电解水制氢产品生产大国，产品数量及规格种类在国际上均位居前列，拥有中船重工第718所、天津大陆制氢设备有限公司及苏州竞立制氢设备有限公司等10多家企业，其产品除满足国内生产需求外，还大量出口到世界各地②，由于质量可靠，价格相对低廉，深受世界各国用户的青睐。张家口海珀尔公司利用风电、光伏等可再生能源，采用碱性电解水制氢技术，助力京津冀地区氢能产业发展，为2022年绿色冬奥服务。

（2）国外碱性电解技术发展现状

碱性电解水制氢技术是目前商业化程度最高、最为成熟的电解水技术，大量的电解系统和电解槽兴起于20世纪30年代，大多在常压下工作。国外涌现出众多著名碱性电解水制氢生产厂商，如法国的Mcphy、美国的Teledyne和德立台、挪威的Nel和Hydro、德国的Lurgi、比利时范登堡的IMET、意大利米兰的NeNora、加拿大多伦多的电解槽有限公司等。

位于加拿大不列颠哥伦比亚省特雷尔的CM&S工厂建于1939年，主要生产合成氨所需的氢气和冶金作业所需的氧气。特雷尔电解厂由3233个单极设计的隔膜式电解池组成，分为9个电池组，每个电池组约有330个单电池，总制氢能力为36t/d（16700 Nm^3/h）。由CM&S

① 俞红梅，衣宝廉．国内电解制氢与氢储能发展现状［EB/OL］．北极星储能网．2019-06-10. https://news.bjx.com.cn/html/20190610/985106.shtml.

② 东方财富网．电解水制氢产业成熟、安全可靠［EB/OL］．2018-12-02. https://baijiahao.baidu.com/s?id=1618749864234965024#.

开发和建造的单极式电池被称为 Trail Design Tank 型电池，每个电池的体积约 122 × 154 × 122 cm^3，包含 15 块面积约等于 271 cm^2 的电解池板，电解液为 24%~25% 的氢氧化钾溶液。电解槽由钢铁制成，上盖为混凝土，每个电解池由一个铁阳极和一个镀镍的铁阴极组成，中间用石棉隔膜隔开，在 2 V 和 70℃条件下，电流可达 10 kA（相当于 810 A/cm^2），电池的运行条件接近大气条件（7.5 mBar）。

蒂森克虏伯是当前全球最大的方形电解槽制造和研发的厂商，其产品是基于氯碱技术的常压碱性电解槽。在全球水电解技术领域，其 20 MW 碱性水电解装置树立了新的标杆。其模块化制氢装置能够在高电密下运行，占地面积小，并且符合市场的高标准要求；采用预组撬装设计，便于运输，易于快速安装，通过组合即可实现数百兆瓦或数吉瓦的产能。

（3）碱性电解技术应用

碱性电解水制氢是目前应用最为广泛的制氢方式，随着燃料电池这一环境友好的发电方式在技术上的不断突破，以及燃料电池在固定电站、电动汽车、电子产品等方面日益增多的应用，对制氢的方便性和灵活性提出了新的要求。诸如生物质制氢、金属制氢、太阳能制氢、金属氢化物制氢等许多其他的化学制氢技术得到了迅速发展，并展现出其独特的生命力。

2.2.2　质子交换膜电解水制氢

由于碱性电解槽存在诸多问题需要改进，促使质子交换膜电解水制氢（PEM）技术快速发展。

2.2.2.1　质子交换膜电解水制氢技术优缺点

PEM 电解槽不需电解液，只需纯水，水既是反应物也是冷却介质，省去了冷却系统，减少了装置的体积和重量。由于 PEM 电解池采用纯水作为电解液，从而避免了电解液对槽体的腐蚀，反应产物不含碱雾，气体纯度更高。PEM 电解质膜能够做到 200 μm 以下，电极间距小，有效降低工作电压和能耗，而且使电解槽的结构更加紧凑。膜两侧能够承受较大的压差，只对氢离子有单向导通作用，能够直接将反应物氢气和氧气分隔开避免串气，安全性好，产物气体纯度高。使用质子交换膜作为电解质具有较好的化学稳定性、较高的质子传导性、良好的气体分离性等优点。由于较高的质子传导性，PEM 电解槽可以工作在较高的电流下，从而增大了电解效率。且由于质子交换膜较薄，减少了欧姆损失，也提高了系统的效率。

现在国内外普遍采用间隔补氢的方式，在氢气下降到一定的压力后，进行补氢至额定压力。此种补氢方式会导致氢压不稳及波动，造成导热的不稳定以及氢密封压力的波动，进而影响发电机的节能效果、绕线寿命并导致油封漏油。因此，发电机维持恒定的额定氢压，不仅能保证发电机组的稳定运行，而且有利于氢密封，能够大大提高系统的安全性。PEM 电解水制氢设备的制氢量可以从 0 到 100% 实现智能连续控制，并能够与发电机直连实现自动化补氢。

PEM 电解水制氢系统采用直联补氢的方式能使得氢气的纯度维持恒定，氢气压力维持稳定的设计要求，实现氢压和纯度的最优化，为发电机的节能及保障最大发电负荷做出贡献。连续补氢方式对补氢量实行实时跟踪记录，这样可以及时报警，避免巨大氢气泄漏的故障，为安排维修争取时间。通过在线数据记录，可以避免水气、氧气及其他气体泄漏污染。在人工补氢间隔内的故障积累，可以通过补氢速率的记录，确定实时的漏量，有助于泄漏故障标定和检测。

PEM 的缺点在于成本较高。经过近半个世纪的发展，其技术已基本成熟，但受需要使用贵金属催化剂、Nafion 膜和钛等高成本材料的制约，商业化推广应用速度仍然较慢。今后 PEM 电解槽主要向高压、低成本两个方向发展。提高催化剂活性以降低催化剂用量和寻找可替代贵金属的贱金属催化剂、低成本质子交换膜，以及高压电解器的密封和压力平衡技术等都可能是今后一段时间的研究课题[①]。

2.2.2.2　质子交换膜电解水制氢技术发展现状

（1）国内质子交换膜电解水制氢技术发展现状

PEM 电解槽的研究主要集中在如何降低电极中贵重金属的使用量以及寻找其他的质子交换膜材料方面。有机材料比如 Poly［bis（3-methyl-phenoxy）phosphazene］和无机材料如 SPS 都已经经过实验证明具有和 Nafion 很接近的特性，但成本却比 Nafion 要低，因此可以考虑作为PEM电解槽质子交换膜[②]。随着研究的进一步深入，将可能找到更合适的质子交换膜，并且随着电极贵金属含量的减少，PEM 电解槽的成本将会大大降低，成为主要的制氢装置之一。

目前 PEM 纯水电解在国外已经实现商业化，主要技术商有 Proton 公司、Hydrogenics 公司等，国内聚焦该技术研究的主要有中船重工718所、中电丰业、中科院大连化物所等单位[③]，华能北京热电厂采用了 6 m^3/h 的 PEM 电解水制氢装置，浙江台州电厂采用了 2 m^3/h 的 PEM 电解水制氢装置。

（2）国外质子交换膜电解水制氢技术发展现状

PEM 纯水制氢过程无腐蚀性液体，运维简单、成本低，是我国今后需要重点开发的纯电解水制氢技术，PEM 电解水制氢所具有的这些技术优势促进其广泛应用，美国的 35 家电厂、西班牙 6 家电厂及罗马尼亚 6 家电厂均采用了这种制氢技术。

PEM 电解水技术于 20 世纪 70 年代应用于美国海军的核潜艇中的氧气供应装置。20 世纪 80 年代，美国国家航天宇航局又将 PEM 电解水技术应用于空间站，作为宇航员生命维持及生产空间站轨道姿态控

---

① 张军，任丽彬，李勇辉，等．质子交换膜水电解器技术进展［J］．电源技术，2008（4）：261-265.

② 倪萌，M.K.H.Leung，K.Sumathy. 电解水制氢技术进展［J］．能源环境保护，2004（5）：5-9.

③ 黄格省，阎捷，师晓玉，等．新能源制氢技术发展现状及前景分析［J］．石化技术与应用，2019，37（5）：289-296.

制的助推剂。近年来许多国家在 PEM 电解水技术的开发中取得长足的进步。日本的“New Sunlight”计划及“WE-NET”计划始于 1993 年，计划到 2020 年投资 30 亿美元用于氢能关键技术的研发，其中将 PEM 电解水制氢技术列为重要发展内容，目标是在世界范围内构建制氢、运输和应用氢能的能源网络。2003 年“WE-NET”计划研制的电极面积已达 1~3 m^2，电流密度为 25000 A/m^2，单池电压为 1.705 V，温度为 120℃，压力为 0.44 MPa。2018 年年初，为配合燃料电池车的商业推广，日本氢能企业联盟的 11 家公司宣布成立日本 H_2 Mobility，全面开发日本燃料电池加氢站，到 2020 年建成 160 个加氢站。

在欧洲，法国于 1985 年开展了 PEM 电解水研究。俄罗斯的 Kurchatov 研究所也在同期展开了 PEM 电解水研究，制备了一系列不同产气量的电堆。由欧盟委员会资助的 GenHyPEM 计划投资 260 万欧元，专门研究 PEM 电解水技术，其成员包括德国、法国、美国、俄罗斯等国家的 11 所大学及研究所，目标是开发出高电流密度（>1 A/cm）、高工作压力（>5 MPa）和高电解效率的 PEM 水电解池；其研制的 GenHy® 系列产品电解效率能达 90%，系统效率为 70%~80%。由 Sintef、University of Reading、Statoil 和 Mumatech 等公司及大学联合开展的 NEXPEL 项目，总投资 335 万欧元，致力于新型 PEM 水电解池制氢技术的研究，目标是降低制氢成本（5000 欧元 /Nm^3），电解装置寿命达到 40000 h。

欧盟于 2014 年提出 PEM 电解水制氢的三步走发展目标：第一步是满足交通运输用氢需求，适合于大型加氢站使用的分布式 PEM 水电解系统；第二步是满足工业用氢需求，包括生产 10 MW、100 MW 和 250 MW 的 PEM 电解池；第三步是满足大规模储能需求，包括在用电高峰期利用氢气发电、家庭燃气用氢和大规模运输用氢等。欧盟规定电解器的制氢响应时间在 5s 之内，目前只有 PEM 电解水技术可以满足这个要求。

加拿大 Hydrogenics 公司于 2011 年在瑞士实施 HySTATTM60 电解池的项目，为加氢站提供电解槽产品。至今，Hydrogenics 公司已在德国、比利时、土耳其、挪威、美国、瑞士、法国、瑞典等建成颇具规模的加氢站，加氢压力达 70 MPa。2012 年 AC Transit 公司在 Emeryville 开放了太阳能电解水加氢站，利用 510 kW 的太阳能电解水制氢，可满足 12 台公共汽车或 20 台轿车的氢气使用需要。电解制氢机由 Proton 公司提供，日产氢气 65 kg（压强 5000～10000 psi）。德国至 2016 年已建造成 50 座加氢站。

从商业化产品角度，美国 Proton Onsite、Hamilton、Giner Electrochemical Systems、Schatz Energy Research Center、Lynntec 等公司在 PEM 水电解池的研究与制造方面处于领先地位。Hamilton 公司所生产的 PEM 水电解器，产氢量达 30 Nm^3/h，氢气纯度达到 99.999%。Giner Electrochemical Systems 公司研制的 50 kW 水电解池样机高压运行的累计时间已超过 150000 h，该样机能在高电流密度、高工作压力下运行，且不需要使用高压泵给水。

目前，Proton Onsite 公司是世界上 PEM 电解水制氢的首要氢气供应商，其产品广泛应用于实验室、加氢站、军事及航空等领域。Proton Onsite 公司在全球 72 个国家有约 2000 多套 PEM 电解水制氢装置，占据了世界上 PEM 电解水制氢 70% 的市场。HOGEN-S 和 HOGEN-H 型电解池的产气量为 0.5～6 m^3/h，氢气纯度可达 99.9995%，不用压缩机气体压力达 1.5 MPa。最新开发的 HOGEN®C 系列主要应用于加氢站，能耗为 5.8～6.2 kW · h/Nm^3，单台产氢量为 30 Nm^3/h（65 kg/d），是 H 系列产氢量的 5 倍，所占空间只有 H 系列的 1.5 倍。2006 年，英格兰首个加氢站投入使用，由 Proton Onsite 的 HOGEN®H 系列电解池与气体压缩装置组成，日产氢量为 12 kg，该加氢站与 65 kW 风力发电机配套使用。2009 年该公司研发的 PEM 水电解池在操作压力约 16.5 MPa 的高压环境下运行超过 18000 h，报道的 PEM 电解槽寿命超过 60000 h。2015 年，Proton Onsite 公司又推出了适合储能要求的 M 系列产品，产氢能力达 400 m^3/h，成为世界首套兆瓦级质子交换膜水电解池，日产氢气可达 1000 kg，有望适应日益增长的大规模储能需求。

2.2.3 高温固体氧化物电解水制氢

固体氧化物电解水技术（SOEC）采用固体氧化物作为电解质材料，可在 400～1000℃高温下工作，可以利用热量进行电氢转换，具有能量转化效率高且不需要使用贵金属催化剂等优点，效率可达 100%。

2.2.3.1 固体氧化物电解水技术工艺流程

（1）电解槽系统

固体氧化物电解水技术的工艺重点主要在于其电解槽材料，目前用作固体氧化物电解槽的材料主要是 YSZ（Yttria–Stabilized Zirconia），这种材料并不昂贵，但由于制造工艺复杂，使得固体氧化物电解槽的成本也高于碱性电解槽的成本[①]。其他比较便宜的制造技术，如电化学气相沉淀法和喷射气相沉淀法正在研究之中，有望成为以后固体氧化物电解槽的主要制造技术。各国的研究重点除了聚焦制造技术外，也在研究中温（300～500℃）固体氧化物电解槽，以降低温度对材料的限制。随着研究的进一步深入，固体氧化物电解槽将和质子交换膜电解槽共同成为制氢的主要技术，架起一座从可再生能源到氢能源的桥梁。

（2）辅助系统

SOEC 制氢系统主要由电解槽和辅助系统构成，其中辅助系统主要包含高低温再生热交换器。高低温再生热交换器利用 SOEC 制造氢气和氧气过程中产生的废热，使整个系统达到热平衡状态。其中，生

① 倪萌，M.K.H.Leung，K.Sumathy. 电解水制氢技术进展［J］. 能源环境保护，2004（5）：5–9.

成氢气的一部分以及分离出的未反应的原料水循环利用，再次提供给 SOEC 模块。

2.2.3.2 固体氧化物电解水技术优缺点

固体氧化物电解水制氢具有高温运行、效率较高、耗电量较少的特点，比常规质子膜发电及碱性电解槽要省电 1/5 到 1/3[①]。就目前而言，固体氧化物电解槽是三种电解槽中效率最高的，并且反应的废热可以通过汽轮机、制冷系统等利用起来，使得总效率达到 90%。但由于工作在高温下（1000℃），也存在材料和使用上的一些问题，导致固体氧化物电解水技术的成本较高。

2.2.3.3 固体氧化物电解水技术发展现状

国内的清华大学、中国科技大学、中国矿业大学（北京）、中国科学院大连化学物理研究所在固体氧化物燃料电池研究的基础上，开展了 SOEC 的探索。SOEC 对材料要求比较苛刻。在电解的高温高湿条件下，常用的 Ni/YSZ 氢电极中镍容易被氧化而失去活性，其性能衰减机理和微观结构调控还需要进一步研究。常规材料的氧电极在电解模式下存在严重的阳极极化并易发生脱层，氧电极电压损失也远高于氢电极和电解质的损失，因此需要开发新材料和新氧电极以降低极化损失。在电堆集成方面，需要解决在 SOEC 高温高湿条件下玻璃或玻璃—陶瓷密封材料寿命显著降低问题。若在这些问题上有重大突破，则 SOEC 有望成为未来高效制氢的重要途径。

日本的三菱重工、东芝、京瓷等公司的研究团队对 SOEC 的电极、电解质、连接体等材料和部件开展了研究。美国 Idaho 国家实验室、Bloom Energy、丹麦托普索燃料电池公司、韩国能源研究所以及欧盟 Relhy 高温电解技术发展项目，也对 SOEC 技术开展了研究，研究方向

---

① 彭苏萍．氢能迎来快速发展战略机遇期［J］．中国石油企业，2024（2）：12–15+135.

由电解池材料研究逐渐转向电解池堆和系统集成①。美国 Idaho 国家实验室的项目 SOEC 电堆功率达到 15 kW，采用 CO_2+H_2O 共电解制备合成气。美国 Idaho 国家实验室与 Ceramatec 公司合作，实现了运行温度在 650～800℃范围内产物 CO 和 H_2 的定量调控；他们还将电解产物直接通入 300℃含有 Ni 催化剂的甲烷化反应器，获得了 40%～50%（vol）的甲烷燃料，证实了 CO_2+H_2O 共电解制备烃类燃料的可行性②。德国 Sunfire 公司在 2017 年推出初期产品，并在加氢站进行示范。

2.2.4 其他可再生能源制氢技术

2.2.4.1 生物质制氢技术

生物质制氢技术可分为生物质热解气化制氢、微生物发酵制氢两种。对于含有较多纸板和塑料等物质的城市垃圾，可以使用热解气化技术制氢；对于含水率较高的生物质或者垃圾，如厨余垃圾等，可以使用微生物发酵技术制氢。

按不同的菌种分类，微生物发酵技术又可分为甲烷菌和产氢菌两种技术路线。目前甲烷菌应用于沼气制氢技术比较成熟，已经开始商业化推广，国内已有数十套小型的撬装式沼气制氢装置运行，国内大型的沼气制氢装置产能可达 50000 Nm^3/h。产氢菌的应用此前一直处于实验室研发阶段，距离商业化应用尚有一段距离。2023 年 2 月，生物制氢产氢菌在国内有了重要突破，国内首个生物制氢及发电一体化项目在哈尔滨市平房污水处理厂完成入场安装、联调，启动试运行。项目包括制氢、提纯、加压、发电、交通场景应用、发酵液综合利用等六大系统。制氢采用生物质—垃圾发酵制氢技术，以农业废弃秸秆、

① 俞红梅，衣宝廉．国内电解制氢与氢储能发展现状［EB/OL］．北极星储能网．2019-06-10. https://news.bjx.com.cn/html/20190610/985106.shtml.

② 俞红梅，衣宝廉．国内电解制氢与氢储能发展现状［EB/OL］．北极星储能网．2019-06-10. https://news.bjx.com.cn/html/20190610/985106.shtml.

园林绿化废弃物、餐厨垃圾、高浓有机废水等为发酵底物，以高效厌氧产氢菌为氢气生产者。

热解气化制氢技术，由于气体处理过程复杂，生物质—垃圾热解气化制氢目前在国内暂时没有商业化运行项目。国内企业如东方锅炉、大唐集团等正在布局热解气化制氢领域。2022 年 10 月，国内首台（套）生物质气化—化学链制氢多联产应用研究中试项目在中国大唐集团有限公司安徽马鞍山当涂发电公司“点火”成功。

总体来说，生物质制氢现阶段的商业化推广比较少，未来是否有发展潜力取决于四项关键点：一是能否提高产氢效率；二是能否实现连续流产氢，进而实现工业化生产；三是装备能否规模化；四是能否获取廉价原料。

2.2.4.2　太阳能制氢技术

太阳能制氢可分为光电解水制氢、光催化分解水制氢和太阳能热化学循环制氢，目前均处于研发阶段。国内相关指标如“太阳能到氢能转化效率”尚未达到可规模化示范的指标，较国际上还有一定差距。太阳能制氢未来研发的关键是产氢材料的效率及稳定性。

2.3　国内外主要绿氢项目实施进展

2.3.1　国内规模化绿氢示范项目加速扩张

我国可再生能源制氢项目的实施进展呈现积极态势，截至 2023 年 12 月底，中国电解水制氢累计产能约达 7.2 万 t/a，相较上年同期实现 100% 的增长[①]。根据香橙会研究院和民生证券研究院统计，2023 年我国电解槽公开招标需求规模近 1.7 GW，涵盖碱性和 PEM 两种类型电

① 能景研究．数据 2023 年中国国内制氢电解槽需求约 1.4GW，订单量前 3 的企业市占率达 70%［EB/OL］．2024-04-14. https://www.sohu.com/a/771607050_121711782.

解槽，其中，碱性电解槽招标 1619.5 MW，占比 95.5%；PEM 电解槽招标 76.02 MW，占比 4.5%①，我国目前仍以技术成熟度较高的碱性电解槽为主要制氢路线。国内电解槽需求主要由大规模项目推动，其中电解槽招标规模超过 50 MW 的项目共有 8 个，累计招标 870 MW，约占全年招标规模的 50%②。

国内多个可再生能源制氢项目已开工建设或投入运营，2023 年我国处于不同阶段的绿氢项目累计达 40 项（见表 2-2），总制氢规模近 18.65 GW，大型项目比例较高，年产氢规模在 200 MW 以上的项目占比达 60%③。2023 年 6 月，新疆库车绿氢示范项目开始顺利产氢，截至 2023 年底，项目已平稳运行 4200 h，累计输送 2236 万 m^3 绿氢④；随着塔河炼化生产装置完成扩能改造，绿氢输送量将逐渐增加，到 2025 年第四季度，输氢量有望达 2 万 t/a。库车绿氢示范项目开展电解制氢系统的集成优化和运行，同步解决低负荷运行的难题，项目的平稳运行为后期其他项目积攒了有效经验。

表 2-2　2023 年国内绿氢项目

序号	时间	项目进度	项目名称	年产氢规模
1	2023 年 1 月 3 日	获批	乌兰察布兴和县风光发电制氢合成氨一体化项目	411 MW
2	2023 年 1 月 28 日	启动开工	大连海水制氢产业一体化示范项目	40 MW
3	2023 年 1 月	投产	中电建白城分布式发电制氢加氢一体化示范项目	6 MW
4	2023 年 1 月	获批	中能建巴彦淖尔乌拉特中旗风光制氢制氨综合示范项目	100 MW

① 绿氢补贴纷来沓至，产业发展步入黄金发展期［J/OL］. 氢能月刊，2024-01-28.

② 绿氢补贴纷来沓至，产业发展步入黄金发展期［J/OL］. 氢能月刊，2024-01-28.

③ 绿氢补贴纷来沓至，产业发展步入黄金发展期［J/OL］. 氢能月刊，2024-01-28.

④ 新疆库车绿氢示范项目累计输送绿氢 2236 万方［N/OL］. 中国证券报・中证网，2023-12-25.

续表

序号	时间	项目进度	项目名称	年产氢规模
5	2023 年 2 月 16 日	启动开工	中石化鄂尔多斯市风光融合绿氢示范项目	420 MW
6	2023 年 2 月 25 日	签约	府谷县绿电制氢合成氨及储氢电池产业链项目	300 MW
7	2023 年 3 月 7 日	环评公示	中能建风光氢储及氢能综合利用一体化示范项目	70 MW
8	2023 年 3 月 7 日	风评公示	中煤 10 万 t/a 液态阳光项目	336 MW
9	2023 年 4 月 5 日	签约	中国电建满洲里风光制氢一体化项目	960 MW
10	2023 年 4 月 24 日	获准备案	中能建乌拉特中旗风光制氢制氨综合示范项目	160 MW
11	2023 年 4 月 25 日	签约	中能建巴林左旗绿色氢基化工基地示范项目	320 MW
12	2023 年 4 月 25 日	获准备案	乌拉特中旗风光氢储氨一体化示范项目	576 MW
13	2023 年 5 月 7 日	EPC 中标	大唐多伦 15 万 kW 风光制氢一体化示范项目	70 MW
14	2023 年 5 月 23 日	获准备案	鄂尔多斯库布其 40 万 kW 风光制氢一体化示范项目	248 MW
15	2023 年 6 月 21 日	启动开工	深能北方鄂托克旗风光制氢一体化合成绿氨项目	2400 MW
16	2023 年 6 月 27 日	签约	丰镇年产 5 万 t 绿氢暨氢能装备产线项目	800 MW
17	2023 年 6 月 28 日	获准备案	兴安盟京能煤化工可再生能源绿氢替代示范项目	300 MW
18	2023 年 6 月 29 日	投产	纳日松光伏制氢示范项目	75 MW
19	2023 年 6 月 30 日	投产	中国石化新疆库车绿氢示范项目	260 MW
20	2023 年 6 月 30 日	设备中标	中煤 50 万 t/a 离网型风光制氢合成绿氨技术示范项目	1440 MW

续表

序号	时间	项目进度	项目名称	年产氢规模
21	2023 年 7 月 17 日	获批	亿华通风氢一体化源网荷储综合示范工程项目	1200 MW
22	2023 年 7 月 18 日	环评公示	国能阿拉善高新区百万千瓦风光氢氨 + 基础设施一体化低碳园区示范项目	264 MW
23	2023 年 7 月 19 日	环评公示	中核科右前旗风储制氢制氨一体化示范项目	346 MW
24	2023 年 7 月 28 日	环评公示	腾格里 60 万 kW 风光制氢一体化示范项目	333 MW
25	2023 年 8 月 3 日	备案	远景通辽风光制氢氨醇一体化项目	1500 MW
26	2023 年 8 月 14 日	设备中标	大安风光制绿氢合成氨一体化示范项目	245 MW
27	2023 年 8 月	投运	中能建张掖光储氢热综合应用示范项目（一期）	5 MW
28	2023 年 8 月 29 日	启动开工	鄂尔多斯中极新能源达拉特旗制氢加氢一体化项目	25 MW
29	2023 年 8 月 31 日	启动开工	山西鲲鹏氢能源科技有限公司氢能热电联供装备制造项目	200 MW
30	2023 年 9 月 4 日	获批	陕西省 2023 年风电光伏竞争配置项目——风电（10 万 kW）项目	100 MW
31	2023 年 9 月 11 日	环评公示	鄂尔多斯市乌审旗风光融合绿氢化工示范项目二期	140 MW
32	2023 年 9 月	获准备案	中船通辽市 50 万 kW 风电制氢制氨一体化示范项目——制氢制氨项目	360 MW
33	2023 年 9 月 13 日	启动开工	张掖绿氢合成氨一体化示范项目	20 MW
34	2023 年 9 月 15 日	签约	榆林华秦新能源产业园（中西部氢谷）二期项目	640 MW
35	2023 年 9 月 22 日	签约	京能滑县绿氢母站——豫北绿氢供应基地项目	50 MW

续表

序号	时间	项目进度	项目名称	年产氢规模
36	2023 年 9 月 26 日	启动开工	中能建松原氢能产业园（绿色氢氨醇一体化）项目	250 MW
37	2023 年 9 月 28 日	投产	华电青海德令哈 3MW PEM 制氢项目	3 MW
38	2023 年 10 月 10 日	EPC 招标	中电建赤峰风光制氢一体化示范项目（宝元山区部分）	1700 MW
39	2023 年 10 月 30 日	签约	阿拉善乌兰布和立体风光氢治沙制取航空燃料一体化示范项目	1950 MW
40	2023 年 12 月	设备中标	阳光氢能大冶市国家氢能创新应用工程	27 MW

资料来源：民生证券研究院．绿氢补贴纷来沓至，产业发展步入黄金发展期［J/OL］．氢能月刊，2024-01-28.

2.3.2　国内风光氢氨醇模式逐步起量

风光氢氨醇作为一种具有广阔前景的绿色能源化工模式，通过耦合风光可再生能源与化工行业，实现绿色合成氨和绿色甲醇的生产，为化工产业提供清洁、低碳的原料。2023 年以来，多个地区在规划建设绿色甲醇项目，包括中广核 40 万 t 生物质绿甲醇项目、邯郸百万吨绿色甲醇项目、中船通辽市 50 万 kW 风电制氢制甲醇一体化示范项目等①（见表2-3）。2024年1月，内蒙古全球首个亿吨级液态阳光绿色甲醇制造项目获批，吉林洮南市风电耦合生物质绿色甲醇一体化示范项目和内蒙古广核兴安盟制甲醇项目一期年产 40 万 t 生物质绿甲醇项目也均于2024年1月获批②，绿色甲醇项目实施进展迅速，将进一步带动上游绿氢产业快速发展。

① 民生证券研究院．绿氢补贴纷来沓至，产业发展步入黄金发展期［J/OL］．氢能月刊，2024-01-28.

② 民生证券研究院．绿氢补贴纷来沓至，产业发展步入黄金发展期［J/OL］．氢能月刊，2024-01-28.

表 2-3　2023 年国内绿色甲醇项目

序号	项目名称	地点	主要参与方	项目进度	建设内容	制氢规模（Nm^3/h）
1	远景通辽风光制氢氨醇一体化项目	内蒙古	远景绿色气体（通辽）有限公司	2023 年 8 月备案，计划 2024 年 3 月开工	氨 60 万 t/a+ 甲醇 30 万 t/a	300000
2	国电投梨树风光制绿氢生物质耦合绿色甲醇项目	吉林	吉林电力股份有限公司四平第一热电公司	2023 年 12 月备案，计划 2024 年 3 月开工	精甲醇 20 万 t/a	43200（37 套 1000 Nm^3/h 碱槽、45 套 200 Nm^3/h PEM 槽）
3	国电投“氢绿龙江”齐齐哈尔百万吨级氢能综合利用示范项目	黑龙江	国电投黑龙江公司	2023 年 12 月启动，计划 2024 年 3 月开工	绿氢 16.4 万 t/a	328000（估）
4	10 万 t/a 液态阳光二氧化碳加绿氢制甲醇技术示范项目	内蒙古	中煤鄂尔多斯能源化工	2023 年风险评估公示，预计 2024 年投产	甲醇 10 万 t/a	46200（36 套 1200 Nm^3/h 电解槽和 2 套 1500Nm^3/h 电解槽）
5	元蝗能源 100 万 t/a 绿色甲醇示范项目	内蒙古	元蝗能源（巴彦淖尔）有限公司	2023 年 11 月备案，计划 2024 年 4 月开工	甲醇 100 万 t/a	—
6	科左中旗风光储氢氨一体化产业园示范项目（储氢氨部分）	内蒙古	科尔沁左翼中旗天通能源有限公司	2023 年 11 月备案，计划 2024 年 4 月开工	绿氢 5 万 t/a	20000（120 套 1000 Nm^3/h 电解槽）
7	中广核赤峰市巴林左旗百万吨甲醇一期生物质制甲醇项目	内蒙古	中广核风电有限公司	2024 年 1 月备案，计划 2024 年 5 月开工	甲醇 20 万 t/a	—
8	克什克腾旗河北建投风光制氢合成蛋白示范项目制氢站项目	内蒙古	克什克腾旗建投绿能新能源有限公司	2023 年 9 月备案，计划 2024 年 6 月开工	绿氢 1.3943 万 t/a	27886（估）

续表

序号	项目名称	地点	主要参与方	项目进度	建设内容	制氢规模（Nm^3/h）
9	乌兰察布 10 万 t/a 风光制氢一体化项目（制氢厂部分）	内蒙古	中石化新星（内蒙古）西氢东送新能源有限公司	2024 年 1 月备案，计划 2024 年 6 月开工	绿氢 50 万 t/a（一期 10 万 t/a）	200000（200 套 1000 Nm^3/h 碱液电解槽）
10	中船通辽市 50 万 kW 风电制氢制甲醇一体化示范项目——制氢制甲醇项目	内蒙古	中船风电（通辽）新能源投资有限公司	2024 年 1 月备案，计划 2024 年 6 月开工	甲醇 18 万 t/a	72000
11	全球首个亿吨级液态阳光绿色甲醇制造项目	内蒙古	内蒙古液态阳光能源科技有限公司	2024 年 1 月获批	甲醇 10000 万 t/a	—
12	扬州吉道能源有限公司年产 33.75 万 t 绿色合成甲醇项目	内蒙古	吉道能源	规划	甲醇 33.75 万 t/a	—
13	洮南市风电耦合生物质绿色甲醇一体化示范项目	吉林	上海电气新能源发展有限公司	2024 年 1 月获批，计划 2024 年 3 月开工	甲醇 5 万 t/a	—
14	中广核兴安盟制甲醇项目一期年产 40 万 t 生物质绿甲醇项目	内蒙古	中广核风电有限公司	2024 年 1 月获批，计划 2024 年 9 月开工	甲醇 40 万 t/a	—
15	许昌隆基生物能源有限公司襄城 12 万 t/a 绿色甲醇项目	河南	许昌隆基生物能源有限公司	2024 年 1 月备案批复，计划 2024 年 4 月开工	甲醇 12 万 t	—
16	邯郸百万吨绿色甲醇示范区	河北	运达能源科技集团、吉利控股集团、招商局太平湾开发投资公司	2024 年 1 月 16 日签约	—	—

资料来源：民生证券研究院．绿氢补贴纷来沓至，产业发展步入黄金发展期［J/OL］．氢能月刊，2024-01-28.

2.3.3 国际绿氢项目迈入实质发展阶段

随着绿氢在能源低碳转型中的定位逐渐明晰，世界各国纷纷规划建设绿氢项目。北美地区在积极探索绿氢的发展潜力，2023 年底美国政府拨款 70 亿美元建设 7 个氢能中心，预计每年生产 300 万 t 清洁氢[①]。欧洲整体在绿氢领域的发展仍然积极，英国最大氢气生产中心计划已获批准，预计 2027 年现场生产低碳氢气；丹麦港口城市埃斯比约的 1 GW 绿色氢项目获得环境批准[②]。印度、摩洛哥也在探讨合作，推动风力发电和绿氢项目落地。具体项目如表 2–4 所示。

表 2–4　2023 年国际绿氢项目

序号	项目名称	制氢规模（万 t）	电解槽需求量（GW）	规划建设 / 投产时间
1	澳大利亚绿氢“亚洲可再生能源中心”	160	26	—
2	英国 HyGreen Teesside 制氢项目	—	0.5	2025 年投产
3	德国绿色能源港口扩建新氢枢纽计划	13	—	2028 年投产
4	英格兰费利克斯托港大型绿氢设施	—	0.1	2026 年投入运营
5	哈萨克斯坦投资绿氢项目	200	20	2030 年初投产
6	荷兰海上风电绿氢厂	2	0.2	2025 年投产
7	荷兰北部海岸 3~4GW 风力发电厂	100	3~4	2030 年建设
8	荷兰海上风电制氢项目	2	0.2	最早于 2026 年投产
9	西班牙 Cepsa 财团绿氢项目	10	2	2023 年投入运营
10	法国海上绿氢工厂	150	—	—
11	西班牙 Cepsa 财团绿氢产业项目	40	—	—

① 民生证券研究院. 绿氢补贴纷来沓至，产业发展步入黄金发展期［J/OL］. 氢能月刊. 2024-01-28.

② 民生证券研究院. 绿氢补贴纷来沓至，产业发展步入黄金发展期［J/OL］. 氢能月刊. 2024-01-28.

续表

序号	项目名称	制氢规模（万 t）	电解槽需求量（GW）	规划建设 / 投产时间
12	美国 GHI 德州 60GW 绿氢项目	250	60	—
13	美国元素资源公司可再生能源制氢项目	2	—	2025 年初投产
14	峰堡新能源公司 0.12GW 绿氢项目	—	0.12	2024 年中期投产
15	美国首个零碳绿氢储存中心	12	10～20	2025 年投产
16	摩洛哥南部 TAQA 计划 6GW 绿氢项目	32	6	—
17	英国切斯特最大氢气生产中心	—	0.4	2024 年开工
18	丹麦埃斯比约 1GW 绿色氢项目	—	1	—
19	美国全国七个区域清洁氢中心	300	—	—
20	印度首次绿氢竞标项目	39.2	1.5	—

资料来源：民生证券研究院．绿氢补贴纷来沓至，产业发展步入黄金发展期［J/OL］．氢能月刊，2024-01-28.

2.4　可再生能源制氢的商业模式

目前，由化石原料制氢具有较大的价格优势和大规模生产的优势，但是碳捕捉和收集技术还不够成熟，化石燃料的使用将不可避免地带来碳排放问题。而可再生能源（太阳能、风能等）发电电解制氢技术却可以实现碳的零排放。随着可再生能源的大规模应用和电解水制氢技术的不断进步，新能源电解水制氢在不久的将来必然会成为具有竞争力的技术。可再生能源（风、光等）固有的间歇性和波动性，导致风电、光电无法长期持续、稳定地发电，给新能源发电机组的大规模并网发电带来了难度，也出现了很多弃风弃光现象。新能源制氢可改善大量弃风、弃光的问题，其制取的氢气作为一种清洁高效能源具有很大的应用潜力。

2.4.1 风电制氢

风电制氢技术是将风资源通过风力发电机转化成电能，电能供给电解水制氢设备产生氢气，通过将氢气压缩、存储、输送至用户端，完成从风能到氢能的转化。根据风电与网电连接形式的不同，可以将风电制氢技术分为并网型、离网型、并网不上网型 3 种。并网型风电制氢是将风电机组接入电网，从电网取电的制氢方式，比如从风场的 35 kV 或 220 kV 电网侧取电，进行电解水制氢，主要应用于大规模风电场的弃风消纳和储能。离网型风电制氢是将单台风机或多台风机所发的电能，不经过电网直接提供给电解水制氢设备进行制氢，主要应用于分布式制氢或局部应用于燃料电池发电供能。并网不上网型风电制氢是将风电与电网相连，但是风电不上网，仅从电网下电满足制氢的用电需求。

风电制氢主要涉及制氢和输氢两大关键技术，整个技术模块包括风力发电机、电解水制氢系统、氢气压缩系统、储氢系统和氢气输运系统。根据风场风电的拓扑结构，按照控制需求可以从 35 kV 或 220 kV 电网处取电，经过 AC/DC 转化后，进行电解水制氢，所制的氢气先储存在中压储氢罐中，再通过 20 MPa 氢气压缩机充灌到氢气管束车，最后根据用氢需求进行输送[①]。

由于风力发电具有间歇性和波动性的特点，电解水制氢装置必须能够适应风力发电的特性及时调整负荷、变工况运行。电解槽间歇运行时会出现以下不利情况：一是电解碱水制氢电解槽难以快速启停，产氢的速度也难以快速调节；二是电解池的阴阳极两侧上的压力均衡难以维持，易发生氢、氧气体穿过多孔的隔膜进而混合，易引起爆炸；

① 张丽，陈硕翼．风电制氢技术国内外发展现状及对策建议［J］．科技中国，2020（1）：13-16.

三是电解槽将工作温度提高到额定运行温度需要一定的时间，而间歇式运行导致电解槽长时间运行在低于额定温度的工作环境下，电解效率降低[①]。因此，应尽可能减少或避免电解槽出现间歇式运行情况，以确保其能够高效稳定安全制氢。可在风电出力不足时向电网购电，确保电解槽的稳定运行。但不具备外购电条件或外购电的经济性不好时，电解制氢系统对间歇性、波动性供电电源的适应能力至关重要。虽然目前 PEM 电解水技术由于设备成本较高，在应用上没有碱性电解水技术那么广泛，但 PEM 电解池更紧凑，其宽负荷适应性和较快的响应速度更适用于匹配可再生电源。

2.4.2 光伏制氢

光伏电解水制氢系统中光伏板与水电解槽之间的连接方式有两种：一种为间接连接，另一种为直接连接。其中，间接连接系统主要由光伏组件、控制组件、蓄电池和氢储能系统构成。

2.4.2.1 间接连接

目前大多数光伏发电制氢系统采用间接连接方式，整套系统由光伏阵列、最大功率点跟踪控制器、蓄电池、DC/DC 转换器、电解槽组成。这种连接方式使得光伏阵列所产生的电量为蓄电池所吸收，然后通过 DC/DC 转换器平稳释放。而在光伏发电系统中，光伏阵列只有工作在最大功率点附近，才能使系统获得最大的能量输出。最大功率点跟踪控制器的作用是使光伏阵列始终工作在最大功率点附近，保证光伏阵列始终在高转换效率下工作。光伏阵列发出的电能随光照强度和环境温度的变化存在较大的波动，不断变化的电流对电解槽性能会产生较大影响，为了削弱这种影响，采用蓄电池进行缓冲储能。

① 邓智宏，江岳文. 考虑制氢效率特性的风氢系统容量优化［J］. 可再生能源，2020，38（2）：259-266.

DC/DC 转换器可用来调节输出电压和电流，使其满足电解槽正常运行的需要[①]。

间接连接还有一种方式就是光伏阵列输出的直流电经过逆变器转换为交流电，然后以交流电的方式输送至电解槽用电侧。这种方式可适用于远距离输送，避免了光伏低压直流电远距离输送的电损耗。

2.4.2.2 直接连接

所谓直接连接方式是指将光伏阵列输出的直流电直接通入电解槽，省去最大功率点跟踪控制器等设备。这种系统要求光伏阵列与电解槽的性能曲线有较好的匹配度，以使系统经济高效。光伏阵列与电解槽直接连接方式与间接连接方式相比，省去了 MPPT 控制器、蓄电池、DC/DC 转换器，使系统更为简单。但是直接连接系统中，光伏阵列的输出电压和电流无法调节，若光伏阵列最大功率点的输出电压、电流与电解槽的工作电压、电流不能很好地匹配，将会使光伏阵列在偏离最大功率点的地方运行，导致光伏电池的转换效率降低，从而使系统效率下降[②]。因此，直接连接系统中，光伏阵列与电解槽的合理匹配是难点。另外，直接连接系统中没有蓄电池、DC/DC 转换器等调节装置，这也对电解槽的宽功率适应性提出了更高要求。

---

① 马俊琳，刘业凤．光伏发电制氢系统的研究［C］//上海市制冷学会．上海市制冷学会 2013 年学术年会论文集．上海理工大学能源与动力工程学院，2013：4.

② 马俊琳，刘业凤．光伏发电制氢系统的研究［C］//上海市制冷学会．上海市制冷学会 2013 年学术年会论文集．上海理工大学能源与动力工程学院，2013：4.

第 3 章

当前发展可再生能源制氢面临的主要挑战和障碍

得益于丰富的可再生资源、领先的可再生能源发电工程成套能力、完整的产业链加工制造能力、完善的基础设施配套等，我国的可再生能源制氢产业正在引领世界发展，目前已投运的项目如中石化新疆库车光伏制氢项目、三峡内蒙古纳日松光伏制氢项目、华电达茂旗可再生能源制氢项目等年产氢量均达到万吨级，而国电投大安风光制氢合成氨一体化项目、中能建松原氢能产业园（绿色氢氨一体化）项目、中煤鄂能化 10 万 t 液态阳光项目等则代表了风光制氢与下游氢能应用场景一体化建设的新趋势。然而，我国可再生能源制氢在发展中仍面临生产成本、技术成熟度、消纳场景、生产与消费的时空不匹配、体制机制及标准建设等方面的挑战和障碍。

3.1 绿氢生产成本仍然较高

根据中国氢能联盟统计，2022 年我国氢气产量约 3533 万 t/a，同比增长约 1.9%。其中煤制氢产量约 1985 万 t，占比 56.2%；天然气制氢和工业副产氢产量分别约 750 万 t 和 712 万 t，电解水制氢产量占比不到2%[①]。当前我国氢气生产仍然以化石燃料制氢为主，其中的重要原因就是化石燃料制氢成本较低。

根据《制氢工艺与技术》的数据[②]，以 9 万 m^3/h 煤气化制氢规模为基准，每生产 1t 氢气需要消耗 7.5 t 褐煤。按褐煤价格 400~900 元 /t、辅助材料消耗 89 元 /t、制造费用 2622 元 /t、员工工资 149 元 /t、副产物

① 氢气产量占比超 30%，中国稳居全球第一产氢国地位［N/OL］. 证券时报，2024-03-27. https://rmh.pdnews.cn/Pc/ArtInfoApi/article?id=40439762#.

② 毛宗强，毛志明，余皓，等 . 制氢工艺与技术［M］. 北京：化学工业出版社，2018.

回收 446 元 /t、燃料动力 3731 元 /t 估算，氢气成本为 9～13 元 /kg H_2。

从全球范围看，天然气制氢是占比最大的制氢方式。天然气制氢的特点是流程短、投资低、技术相对成熟、运行稳定、环境友好，但原料成本较高，制氢成本受天然气价格的影响较大。根据 150 kt/a 天然气制氢装置的制氢成本敏感性分析，天然气价格在 2.0～4.0 元 /m^3 时，对应的制氢成本是 8.7～18.9 元 /kg H_2。

绿氢生产成本中，绿电成本占比 60% 以上。按照目前内蒙古等可再生资源丰富地区的绿电成本已降至 0.15～0.2 元 /kWh 甚至更低，对应绿氢成本为 15～20 元 /kg，已与化石燃料制氢具备竞争的可能性。但是在更多可再生资源相对匮乏的地区，绿氢生产成本明显高于灰氢，市场竞争力不足，而由于氢气储运成本较高，低价绿氢运输到当地利用的成本仍然较高。随着近期及未来风光发电工程造价的下降，风光资源丰富地区的绿氢成本正在逐渐逼近灰氢，预计内蒙古、新疆、吉林等部分地区的绿氢项目在未来数年内将具有较强市场竞争力。

此外，目前化石燃料制氢成本未计入碳排放成本。煤制氢技术以煤为原料，碳排放较高，为 19～29 kg CO_2/kg H_2，成为制约其未来发展的主要原因。因此，煤制氢技术未来发展需要与碳捕集封存技术相结合。据《中国二氧化碳捕集利用与封存（CCUS）年度报告（2023）》，中国煤化工项目碳捕集成本为 105～250 元 / $tCO_2$①。按煤制氢碳排放 25 kg/kg H_2 核算（不考虑 CO_2 下游利用收益），制氢成本将增加 3～7 元 /kg H_2，即氢气成本增至 12～20 元 /kg H_2。西南化工研究设计院核算的天然气蒸汽转化制氢工艺的 CO_2 排放量为 9.0～11.6 kg/kg H_2。结合碳捕集也是天然气制氢未来的发展方向。据 IEA 数据，天然气制

---

① 张贤，杨晓亮，鲁玺，等．中国二氧化碳捕集利用与封存（CCUS）年度报告（2023）［R］．中国 21 世纪议程管理中心，全球碳捕集与封存研究院，清华大学，2023.

氢采用 CCUS 技术后，能使碳排放量减少 90% 以上，但是资本性支出和运营成本将会增加约 50%，使最终制氢成本增加约 33%，也即天然气制氢的成本将增至 11.6~25.1 元 /kg H_2（对应天然气价格在 2.0~6.0 元 /m^3）。

虽然目前大部分地区绿氢成本显著高于灰氢，但是考虑到绿电成本的下降、电解槽等关键设备造价的降低、灰氢碳排放成本计入等因素，未来绿氢将逐渐取代灰氢，成为最主要的氢气来源。

3.2　绿氢制备技术有待提升及工程验证

绿氢制备技术中，电解槽设备本体及关键零部件、风光制氢系统集成优化、一体化智慧管控等还需要结合工程应用再提升。我国碱性电解槽设备制造能力处于国际领先水平，大标方碱性槽不断涌现，主流产品规模从前两年的单机 1000 Nm^3/h 向 1500 Nm^3/h 乃至 2000 Nm^3/h 以上过渡，但是由于产品研发与工程验证需要循环迭代、互相促进，而大规模风光制氢项目还处于大规模规划建设阶段，缺少大量的长期运行经验及数据，因此碱性电解槽在稳定性、寿命、能耗等方面需要提升。

目前碱性电解槽仍存在一些问题亟待突破。一是液体电解质中高欧姆损耗导致的低电流密度；二是催化剂阻塞问题，碱性电解液与空气中的 CO_2 反应，形成在碱性条件下不溶的碳酸盐，阻塞多孔催化层；三是碱性电解槽难以快速启停，制氢速度也难以快速调节，难以适应具有快速波动特性的可再生能源；四是腐蚀性较强，存在碱液污染隐患。主要攻关方向包括提升电极性能以增加电流密度、提升单体产氢量、降低重量和体积、降低电耗、实现宽负载工作范围和高动态响应能力等。在系统能耗、系统灵活性、运行压力和维护便捷性方面进行技术创新，以更加适应大规模的绿电制氢应用场景。

PEM 电解槽由于具有更高的电流密度和效率、更高的 H_2/O_2 纯度、安全可靠等优势而被认为是最有前景的水电解制氢技术之一。我国 PEM 电解水制氢技术的研发工作起步较晚，现有的 PEM 制氢设备规模小、成本高，难以大规模应用，与国际先进水平差距较大。但由于质子交换膜和贵金属催化剂的价格昂贵制约了其商业化进程，目前 PEM 电解槽价格约为碱性电解槽的 2~4 倍，成本和寿命仍然是 PEM 技术亟待解决的主要问题。为满足下游工业领域对氢气的大规模需求，同时更好地与上游光伏、风力和水力发电等可再生电力配套，PEM 电解槽逐渐向大功率发展，包括提高单个模块化产品的功率和基于模块化产品组成的电解槽系统的功率。这对核心部材也提出了新挑战，如开发基于膨体聚四氟乙烯或聚醚醚酮等多孔支撑材料的全氟磺酸复合膜，降低质子交换膜的厚度，提高机械强度；开发铱合金等低铱催化剂，提高催化活性，降低铱用量；优化气体扩散层的结构和表面涂层，提高气液传输效率等；优化双极板流场结构和表面涂层，提高水气扩散能力、均匀性、导电性和耐腐蚀性等。同时，绿氢制备技术工程应用在系统设计与控制优化、源网荷储容量匹配、关键设备选型、离网网架构建与运行等方面缺少积累，需要在增效降本、安全可控等关键技术上进一步提升。

3.3　绿氢消纳技术及应用场景尚需丰富

氢气具有原料与能源双重属性，可广泛应用于能源、化工、冶金、建筑、交通等多个行业的深度脱碳，但目前多数绿氢应用技术还处于研发阶段，距离大规模应用尚需时日。

在能源领域潜力较大的绿氢应用场景包括掺氢燃机、掺氨燃煤发电等。掺氢燃机存在着自燃、回火、NO_x 排放超标和燃烧震荡等问题，国外燃机掺氢研发起步较早，GE、三菱等公司已开发了相关产品并进行了工程应用。我国掺氢和纯氢燃烧技术处于起步阶段，技术成熟度较低，工程转化尚未成熟，目前相关研发主要集中为重型燃机本体国产化。未来掺氢燃机技术发展方向包括增大掺氢比例、提高安全性及运行稳定性等。此外，由于氢气热值是天然气的 1/3，而目前同样热量的绿氢使用成本明显高于天然气使用成本，因此降低绿氢生产、储运等环节的费用也是掺氢燃机大规模应用的关键。我国燃煤发电技术处于国际领先水平，在掺氨燃烧发电方面已开展工程示范。煤粉锅炉掺氨发电技术存在高比例掺氨后点火难度提高、氮氧化物控制等问题，循环流化床锅炉掺氨发电相对难度较低。目前制约燃煤机组掺氨发电的关键因素是绿氨价格偏高及储运安全性。

氢气是化工领域的最基本原料，但是受到上游风光发电波动性及不确定性的影响，耦合绿氢的化工合成无法按照传统“安稳长满优”模式运行，而是长期处于柔性运行模式，因此需要降低反应参数、考虑疲劳设计、增加柔性控制等以适应上游；化工合成领域的二氧化碳加绿氢合成甲醇技术、绿色航空燃料合成技术等也成为当前研发应用的热点，未来电催化合成、光催化合成等技术也将逐渐成熟。此外，燃料电池技术、氢基直接还原炼铁等技术的成熟度也限制了绿氢在交通、建筑、冶金等领域的广泛应用。

3.4 绿氢生产与消费空间分布不匹配

可再生能源制氢不仅响应了下游行业深度脱碳的需求，同时也是上游新型电力系统构建及提高可再生能源利用率的重要途径。未来绿氢产能的大幅增加，除了丰富消纳场景及应用技术外，也要解决绿氢生产与消费的空间分布不匹配问题。

从空间上看，我国风资源丰富地区主要是三北地区及东南沿海等地，光资源丰富地区集中在三北地区、青藏高原及西南地区，因此在这些地区生产绿氢的成本更低，与化石燃料制氢价格差距较小；东部地区、南部地区、中部地区可再生资源相对匮乏，绿电成本较高；沿海地区海风资源丰富，海上风电成本逐步下降但仍未达到平价，海风制氢项目还处于小规模示范阶段。

大规模的绿氢消纳场景当前主要集中在绿色化工及炼化领域，冶金、交通、建筑等领域的规模化绿氢应用正在探索中。除气态氢储运外，其他氢储运技术目前还未大规模应用，而氢气长距离运输后成本显著增加，因此，可再生资源丰富地区的绿氢短期内难以实现长距离运输，以就地消纳为主，使其消纳范围及场景受到严重制约。根据中国氢能联盟统计，2022 年山东、内蒙古、陕西、山西、宁夏等五个地区的氢气消费量位于全国前列，合计占比超过一半。其中除内蒙古的绿氢生产与消费匹配度较高外，其余地区的绿氢使用成本仍然偏高。此外，从氢气价格看，大湾区、长三角、京津冀等相对发达地区氢价较高，也侧面说明了其氢气市场供不应求的局面。未来随着管道输氢、低温液氢、固态储氢等氢储运技术的成熟及成本大幅下降，绿氢生产与消费空间不匹配的问题有望得到解决。

3.5　现有体制机制及标准与绿氢产业体系不匹配

3.5.1　体制机制

氢气属于危险化学品，传统煤制氢等生产工艺均需在化工园区内进行。对于可再生能源制氢，由于其工艺属于电化学过程，生产原料为电和水，与传统制氢工艺差别明显。国内大部分地区对包括电解水制氢在内的制氢生产要求在化工园区内进行，同时要取得危险化学品安全生产许可证，这在很大程度上限制了风光制氢项目的落地。目前，已有山东、河北、内蒙古、新疆等少数地区出台相关鼓励政策，明确风光氢项目无须在化工园区建设、绿氢项目不需取得危化品安全生产许可证，进一步剥离绿氢的化工属性，将加速绿氢项目在这些地区的落地实施。

可再生能源制氢的发展，也是支撑风光发电比例不断提高的必然要求。通过风光制氢可以提高可再生能源利用率，绿氢发电可以实现“电—氢—电”的转换，发挥氢储能作用，实现电力的削峰填谷。目前风光制氢项目建设思路以新建风光发电为主，虽然提高了可再生能源利用率，但并未实现对大电网的支撑，反而需要在风光大发时向电网卖电、在风光不足时从电网买电，实际上增加了电网的不稳定性。而利用风电或者风光耦合发电项目的余电进行制氢，经测算，在部分地区可实现具有较强竞争力的绿氢生产成本，具有很好的前景，可从国家层面统一给予明确支持。此外，可再生能源制氢还处于发展初期，绿氢价格在大部分地区竞争力不足，可考虑在备用容量费用、政府性基金等方面给予减免。

此外，风光制氢加绿色化工项目的化工部分需要使用大量电能，而目前风光制氢一体化项目仅包括电解水制氢负荷，化工用电未考虑在内，因此无法实现化工用电以自发绿电为主、网电为辅的思路。化工用电全部购买网电一方面提高了此类项目的运行成本，另一方面也制约了产品碳减排，导致绿氨、绿醇等最终产品无法满足严格的认证要求，可考虑将风光制氢绿色化工（或其他氢能消纳场景）项目作为源网荷储一体化项目考虑，实现绿氢、绿电的充分利用及下游生产的深度降碳。

燃煤机组掺烧绿氢及绿氨、绿醇发电的技术路线，可实现大量消纳绿氢、煤电减排及支撑电网等多重目的，完成绿电—绿氢—绿电转化对新型电力系统的支撑。目前主要受到经济性制约，可从政策引导、工程示范、经济补贴等方面进行支持。

3.5.2　标准建设

截至 2023 年 12 月，国家标准化管理委员会批准发布的现行有效的氢能国家标准共 110 项，包括基础与安全方面的标准 23 项、氢能供应方面的标准 36 项、氢能应用方面的标准 51 项。其中与可再生能源制氢直接相关的国家标准较少，目前在执行的包括《水电解制氢系统技术要求》（GB/T 19774—2005）、《压力型水电解制氢系统技术条件》（GB/T 37562—2019）、《压力型水电解制氢系统安全要求》（GB/T 37563—2019）和《水电解制氢系统能效限定值及能效等级》（GB 32311—2015）等。《氢能产业标准体系建设指南（2023 版）》中明确提出，“重点针对可再生能源水电解制氢应用发展需求，统一技术、设备、系统、安全、测试方法等”[①]，将可再生能源水电解制氢技术要求作为核心标准研制行动的重要任务。

在行业标准层面，可再生能源制氢有关的能源行业标准自 2022 年开始发布编制计划，目前正在编制的标准包括《可再生能源电力制氢规划报告编制规程》《电力制氢可行性研究报告编制规程》《低碳清洁氢能评价标准》《碱性水电解制氢系统性能测试规范》等。现有可再生能源制氢有关的国家标准及行业标准较少，无法覆盖可再生能源制氢的装备、建设、运行、检修等各方面，还需要加快可再生能源制氢标准建设，更好支撑可再生能源制氢产业快速发展。

此外，欧盟《可再生能源指令》（Renewables Energy Directive，RED）在 2023 年通过了再次修订的 RED Ⅲ，规定非生物质来源的可再生燃料（Renewable Fuels of Non-Biological Origin，RFNBO）阈

---

① 国家标准化管理委员会，国家发展改革委，等．关于印发《氢能产业标准体系建设指南（2023 版）》的通知［EB/OL］．2023-07-19. https://www.gov.cn/zhengce/zhengceku/202308/content_6897986.htm.

值为 28.2 g CO_2/MJ[①]。同时该指令对绿色甲醇合成的 CO_2 来源做了要求：第一，可以持续使用的合格 CO_2 来源：直接空气捕获、生物来源、RFNBO 燃烧和地质来源；第二，化石来源：2041 年前，可以是欧洲议会和理事会指令 2003/87/EC 附录 I 中包含的行业所捕集的 CO_2，包含能源（火电、炼油、炼焦）、冶金、矿物加工（水泥、陶瓷、玻璃）和造纸等，特别要求发电捕集的 CO_2 只能限定在 2036 年前，并要求碳源必须被欧盟排放交易体系涵盖。国内相关范围尚无法纳入该体系。同时，目前我国关于可再生燃料的界定并无国家标准或行业标准，尚无法与欧盟等地区进行平等对话。

① 前瞻“绿氢 生物质”制甲醇或最符合欧盟低碳甲醇燃料标准［EB/OL］. 2024–01–25. https://beipa.org.cn/newsinfo/6790688.html.

第 4 章

未来我国可再生能源制氢潜力、市场供需分析

4.1 区域潜力

我国 2023 年固定式光伏发电最佳斜面年总辐照量和发电首年利用小时数总体上呈现西部地区大于中东部地区，高原少雨干燥地区大、平原多雨高湿地区小的特点（见表 4–1）。新疆、内蒙古、西北地区中西部、华北北部、西藏、西南地区西部等地最佳斜面总辐照量超过 1800 kWh/m^2，首年利用小时数在 1400 小时以上[①]。我国陆地太阳能开发潜力分区评价结果与上述结论基本吻合[②]。

2023 年各地水平面总辐照量平均值见表 4–1。

表 4–1　2023 年各地固定式光伏发电最佳斜面总辐照量平均值

序号	省份	最佳斜面总辐照量 (kWh/m^2)
1	北京	1719.3
2	天津	1769.8
3	河北	1762.0
4	山西	1732.6
5	内蒙古	1989.6
6	辽宁	1672.7
7	吉林	1660.7
8	黑龙江	1667.1
9	上海	1346.2
10	江苏	1481.1

① 中国气象局. 2023年中国风能太阳能资源年景公报［R］. 2024–02–22. https://www.cma.gov.cn/zfxxgk/gknr/qxbg/202402/t20240222_6082082.html.

② 李柯，何凡能. 中国陆地太阳能资源开发潜力区域分析［J］. 地理科学进展，2010，29（9）：1049–1054.

续表

序号	省份	最佳斜面总辐照量 (kWh/m²)
11	浙江	1356.5
12	安徽	1408.4
13	福建	1415.0
14	江西	1274.5
15	山东	1614.3
16	河南	1448.5
17	湖北	1215.3
18	湖南	1128.7
19	广东	1315.8
20	广西	1255.0
21	海南	1439.6
22	重庆	1031.9
23	四川	1519.6
24	贵州	1205.0
25	云南	1611.5
26	西藏	1933.8
27	陕西	1495.8
28	甘肃	1904.5
29	青海	2016.1
30	宁夏	1772.0
31	新疆	1891.9

资料来源：中国气象局 .2023 年中国风能太阳能资源年景公报［R］. 2024-02-22.

根据 2023 年全国陆地 100 m 高度年平均风功率密度分布情况（见表 4–2），可看到内蒙古中东部、辽宁西部、黑龙江西部和东部、吉林西部、河北北部、山西北部、新疆北部和东部的部分地区、青藏高原大部、云贵高原的山脊地区、福建东部沿海等地年平均风功率密度一般超过 300 W/m²[①]。

表 4-2　2023 年各地 100 m 高度风能资源平均值

序号	省份	平均风功率密度（W/m²）
1	北京	213.09
2	天津	168.41
3	河北	202.98
4	山西	181.72
5	内蒙古	347.99
6	辽宁	358.50
7	吉林	328.73
8	黑龙江	311.66
9	上海	115.80
10	江苏	160.42
11	浙江	110.04
12	安徽	156.96
13	福建	121.98
14	江西	145.25
15	山东	207.13
16	河南	140.81
17	湖北	118.03
18	湖南	165.59
19	广东	192.48
20	广西	208.38
21	海南	215.89
22	重庆	100.62
23	四川	159.15
24	贵州	191.17
25	云南	101.89
26	西藏	197.70
27	陕西	148.27

① 中国气象局．2023年中国风能太阳能资源年景公报［R］．2024-02-22．https://www.cma.gov.cn/zfxxgk/gknr/qxbg/202402/t20240222_6082082.html.

续表

序号	省份	平均风功率密度（W/m²）
28	甘肃	228.69
29	青海	234.53
30	宁夏	195.43
31	新疆	241.83

资料来源：中国气象局.2023 年中国风能太阳能资源年景公报［R］. 2024-02-22.

根据《中国风能资源气候特征和开发潜力研究》一文的研究结论[①]，我国陆地上非常丰富和丰富等级的可利用风能资源主要分布在三北地区，较丰富等级的可利用风能资源大多分布在内蒙古西部、河套地区和西藏南部；我国近海可利用风能资源都到达了较丰富等级，其中台湾海峡为非常丰富等级；浙江中部和南部、福建、广东汕尾以东和辽东半岛的近海可利用风能资源达到丰富等级。中国陆地 100 m、120 m 和 140 m 高度上技术开发总量分别为 39 亿 kW、46 亿 kW 和 51 亿 kW；100 m 高度水深 5~50 m 近海海域内风能资源技术开发量为 4 亿 kW。

根据《海上风电场宏观选址与风能资源储量估算》一文的研究结论[②]，渤海各省 100 m 高度的海风资源技术开发总量为 526.8 GW，其中近海风能资源技术开发量约为 353 GW，深远海风能资源技术开发量约为 174 GW；南海 100 m 高度的海风资源技术开发总量为 1047 GW，其中近海风能资源技术开发量约为 220 GW，深远海风能资源技术开发量约为 827 GW；北部湾 100 m 高度的海风资源技术开发总量为 63.3 GW，其中近海风能资源技术开发量约为 59.9 GW，深远海风能资源技术开发量约为 3.4 GW。因此，近海 100 m 高度的风能资源技术开

① 朱蓉，王阳，向洋，等. 中国风能资源气候特征和开发潜力研究［J］. 太阳能学报，2021，42（6）：409-418. DOI:10.19912/j.0254-0096.tynxb.2020-0130.

② 赵琳，魏澈，王阳，等. 海上风电场宏观选址与风能资源储量估算［J］. 太阳能学报，2024，45（5）：1-8.

发总量约为 6.3 亿 kW，深远海 100 m 高度的风能资源技术开发总量约为 10 亿 kW。

综上，我国光资源丰富地区集中在三北地区、青藏高原及西南地区，风资源丰富地区主要是三北地区及东南沿海等地，同时这些地区地广人稀，陆上可再生能源制氢项目的建设条件较好；未来随着近海海上风电成本逐步逼近平价，近海海上风电制氢项目将从示范走向规模化发展；深远海海上风电制氢技术尚不成熟，预计较长时期内将以满足特定需求的独立能源站定位得到发展。

4.2 产量预测

国家电网公司在《碳中和目标下考虑供电安全约束的我国煤电退减路径研究》[①]一文中，研究碳排放配额和火电装机保留最多的电力系统深度低碳场景下我国不同类型电源装机、不同类型电源发电量的变化趋势，其中风电、光伏发电量相关数据见表 4–3。

表 4–3 风电、光伏发电量的演变趋势

来源	目标时间	总装机容量 / 亿 kW	风电装机 / 亿 kW	光伏装机 / 亿 kW	总发电量 / 万亿 kWh	风电发电量 / 万亿 kWh	光伏发电量 / 万亿 kWh
国家电网	2030 年	36.24	5.5	6.5	11.8	1.21	0.85
	2040 年	50.11	9.2	12.8	14	2.12	1.79
	2050 年	65.48	14.4	21	15.1	3.46	3.15
	2060 年	78.75	20	30	15.7	4.8	4.5
中国石化	2030 年	—	—	—	—	1.56	1.3
	2040 年	—	—	—	—	2.8	2.8
	2050 年	—	—	—	—	4.28	4.44
	2060 年	—	—	—	—	5.26	5.53

① 辛保安，陈梅，赵鹏，等. 碳中和目标下考虑供电安全约束的我国煤电退减路径研究 [J]. 中国电机工程学报，2022，42 (19)：6919–6931.

中国石化在《中国能源展望 2060（2024 年版）》[①] 中同样对协调发展情景下风电、光伏发电量的演变趋势进行了预测，其预测结果比上述国网公司基于深度低碳场景的预测结果更为乐观。根据清华大学碳中和研究院对于当前主流碳达峰、碳中和情景下 2030 年和 2060 年我国各电源发电量研究，2060 年风电发电量将达到约 6.5 万亿 kWh，光伏发电量将达到约 7.5 万亿 kWh，也说明表 4–3 中的相关预测数据在数量级上与主流预测相符。

本报告选取国家电网公司及中国石化对风光发电未来的预测数据为基础数据，测算我国可再生能源制氢潜力。其中将国家电网预测结果相关场景设定为可再生能源制氢的平稳发展场景，该场景下 2060 年风光发电量用于制氢的比例设定为 20%；将中国石化预测结果相关场景设定为可再生能源制氢的快速发展场景，该场景下 2060 年风光发电量用于制氢的比例设定为 40%。具体测算结果见表 4–4。

表 4–4 平稳发展场景和快速发展场景下可再生能源制氢量预测

目标时间	场景	可再生能源制氢量（万 t）	目标时间	场景	可再生能源制氢量（万 t）
2030 年	平稳发展场景	110	2030 年	快速发展场景	305
2040 年		557	2040 年		1595
2050 年		1647	2050 年		4346
2060 年		3311	2060 年		7682

中国石化在《中国能源展望 2060（2024 年版）》也对绿氢产量进行了预测，其 2060 年预测绿氢产量为 7680 万 t，2030 年至 2060 年间的绿氢产量预测结果与表 4–4 中快速发展场景的预测结果有差异。

《我国电力碳达峰、碳中和路径研究》预测 2060 年可再生能源制

① 中国石化集团经济技术研究院有限公司，中国石化咨询有限责任公司．中国能源展望 2060（2024 年版）[R]．2023–12.

氢用电量将达到 1.7 万亿 kWh，对应绿氢产量 3000 万 t[①]，与本报告平稳发展场景 2060 年的预测结果基本吻合。氢能联盟在《开启绿色氢能新时代之匙：中国 2030 年“可再生氢 100”发展路线图》中提出 2060 年达到 0.75 亿 ~1 亿 t 可再生氢的目标[②]，略高于预测结果。

4.3 需求预测

4.3.1 工业部门

我国是全球最大的工业化国家，钢铁、石化、化工等行业产能规模巨大，能耗和碳排放数量巨大。生产过程需要使用大量化石能源作为还原剂或原料，同时还需要生产大量高品位热力（蒸汽）。在实现碳中和目标过程中，氢能需要弥补电气化手段的不足，加快技术和商业模式创新，依托氢气直接还原铁技术、可再生能源制氢替代化石能源制氢、天然气掺氢或纯氢燃烧等方式，应对“难以减排领域”的挑战。

4.3.1.1 钢铁行业

钢铁行业是我国最大的碳排放来源，约占全国碳排放总量的 16%[③]。在钢铁生产过程中，高炉炼铁环节需要使用焦炭作为还原剂，造成近 10 亿 t 二氧化碳排放。钢铁作为国民经济的基础原材料，未来仍将保持较大生产规模，尽管电炉钢（废钢路线）比重会持续提升，但考虑到我国是全球制造网络的中心节点，将会有大量钢铁以机械制品、汽车等下游产品形式间接出口到国外，电炉钢比重预计仅能达到

---

① 舒印彪，张丽英，张运洲，等. 我国电力碳达峰、碳中和路径研究［J］. 中国工程科学，2021，23（6）：1–14.

② 落基山研究所，中国氢能联盟研究院. 开启绿色氢能新时代之匙：中国 2030 年“可再生氢 100”发展路线图［R］. 2022–06.

③ 助力钢铁行业绿色转型“碳中和钢”工程化落地实施［N/OL］. 科技日报，2023–05–12. https://www.nea.gov.cn/2023-05/12/c_1310718250.htm.

50% 左右水平，其余 50% 钢铁生产的碳排放问题，需要由氢能冶金等革新性技术来解决。

氢能冶金可大致分为两条技术路线。一是氢能炼铁，即向高炉注入一定比例氢气作为还原剂，从而减少焦炭使用及带来的碳排放；二是氢能炼钢，氢气竖炉直接还原铁，即用氢气作为还原剂，在低于矿石软化温度下，在反应装置内将铁矿石还原成金属铁的方法。两条技术路线之下，不同企业又研发出了不同工艺，实践证明降碳效果在 30%~90%。氢能炼铁方面，日本 COURSE50 项目吨钢二氧化碳排放量可降低 20%，随着氢气加注比例的进一步提升及 CCUS 技术的应用，减排量可达 50% 甚至更高。氢能炼钢方面，瑞典 HYBRIT 项目吨钢二氧化碳排放量仅为 25kg，但成本也比传统工艺高 30% 以上（已考虑碳价）。

实现碳中和情景下，2060 年我国粗钢产量预计为 5.5 亿 t，其中 50% 为电炉钢，剩下 50% 将由氢能炼钢（氢基竖炉直接还原铁）、氢能炼铁（高炉掺氢 +CCUS）等工艺路线来生产。按照不同氢能冶金技术路线的氢气消耗，测算出 2060 年氢能冶金对于氢能需求将在 1800 万～2000 万 t。

4.3.1.2　石化行业

氢气是石化行业的重要原料，广泛应用于汽油、柴油生产过程中的加氢环节，对于最终产品的品质及炼厂效益至关重要。炼油过程中有两个加氢工艺环节，分别是加氢裂化和加氢精制，目的是调节产品碳氢比、降低杂质含量、改善产品性能和提高原料利用效率。2019 年，炼油过程氢气消费量约为 700 万 t，这些氢气主要由天然气、煤炭来制取，造成了大量二氧化碳排放。在油品质量升级、原油重化等因素影响下，未来一段时间炼油环节的加氢需求或将进一步增加。

此外，氢基化工将成为石化企业转型升级和实现碳中和的重要技术路径。当前我国“三烯三苯”（乙烯、丙烯、丁二烯，苯、甲苯、二甲苯）都来自化石能源，有近70%的乙烯来自以石脑油为主的石油路线，几乎全部的芳烃都来自石油路线。生产“三烯三苯”要以化石能源作为原料和燃料，并排放大量二氧化碳。未来我国对于“三烯三苯”的需求还将持续增加，为实现碳中和目标，需要将工艺结构由当前以石油为主逐步调整为以氢基化工为主。氢基化工是以绿氢为主要原料，耦合二氧化碳、石油焦等高碳介质，进而生产烯烃、芳烃等原料的工艺总称。我国已开展绿氢甲酸、聚酯以及烯烃、芳烃等试点项目，随着碳排放约束趋紧以及碳价格上升，氢基化工将逐渐替代传统石油化工路线。

实现碳中和情景下，石化行业氢能需求主要来自氢基化工的发展，预计2060年国内生产的烯烃、芳烃将有30%以上来自氢基化工，预计2060年石化行业氢气需求为1600万~2000万t。

4.3.1.3 化工行业

化工行业中，氢气主要用来生产合成氨、甲醇等产品。在合成氨、甲醇生产过程中，氢气都用来调节产品的碳氢、氮氢元素比例。2020年我国合成氨产量接近5000万t，甲醇产量超过8000万t，其中80%以上的合成氨、60%以上的甲醇都由煤炭生产，将煤炭气化获得碳氢合成气，再提取氢气组分用于合成。据中国石化规划院分析，2019年生产合成氨消耗氢气1080万t，生产甲醇消耗氢气910万t，二者合计接近2000万t，占全国氢气消费总量近60%，氢气制取过程排放二氧化碳约4亿t。

使用可再生能源制取的绿氢，替代化石能源特别是煤炭制取的灰氢，是化工行业深度脱碳的重要技术路径。合成氨、甲醇生产企业都有专门的制氢装置，通常为煤制氢，绿氢替代灰氢不需要对现有生产工艺和设备做出重大调整，因此不存在明显技术障碍。绿氢还能够耦合二氧化碳合成化工产品，进而实现二氧化碳的资源化利用。

实现碳中和情景下，2060年我国合成氨产量预计为5000万t，其中包括 1600 万 t 纯氨燃料，绿氢合成氨产能比重为 90%；甲醇产量预计为 14000 万 t，其中包括 4000 万 t 甲醇燃料，绿氢甲醇产能比重为 80%。由此测算得出 2060 年化工行业氢能需求为 2200 万 ~2500 万 t。

4.3.1.4　小结

除了上述钢铁、石化、化工行业的原料用氢需求以外，氢气还将应用于食品、电子、机械等行业，预计 2060 年相关行业氢气需求为 600 万 ~800 万 t。此外，氢能还可作为高效清洁的二次能源，为工业、特别是高耗能行业提供高品位热力（蒸汽），预计 2060 年纯氢燃料需求为 1200 万 ~1500 万 t，但这一部分与电加热等技术存在竞争关系，具有较大不确定性。

综上所述，2060 年工业部门氢气需求在 7400 万 ~8800 万 t。按低限方案分析，氢气需求结构如图 4-1 所示。氢能作为原料，2060 年需求将达到 4700 万吨以上，主要用作炼钢过程的还原剂，用于石化和化工行业的元素平衡，在这些领域，氢能是最为重要甚至是唯一脱碳方案；氢能作为能源转换介质用于生产纯氨、甲醇等富氢燃料，2060 年需求将达 900 万 t。在高限方案中，氢能作为生产高品位热能的燃料，2060 年需求将达 1500 万 t。

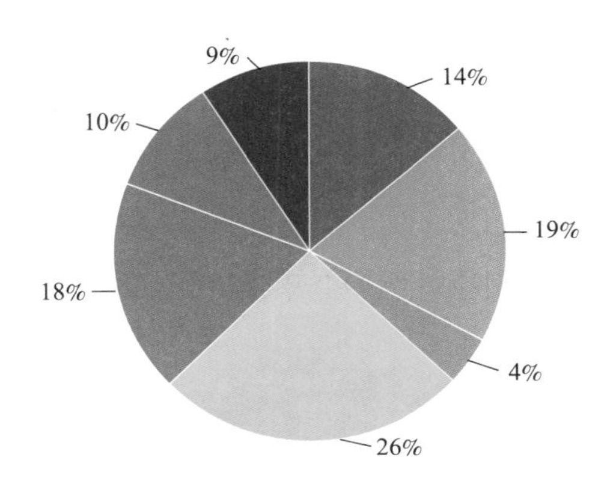

图 4-1　2060 年工业部门氢能需求结构

4.3.2 交通部门

氢能在交通领域应用场景较为广泛，不仅可以应用在机动车上，也可以作为船舶、飞机的替代燃料。截至2020年底，全球氢燃料电池汽车保有量已超过3万辆[①]，以氨燃料为氢能载体的船舶已经开始投入市场，氢燃料电池及氢能飞机也在积极研发中。自20世纪80年代开始，欧美日等发达地区和国家一直在推动氢能源发展。近期主要国家纷纷提出碳中和目标，氢能在国内外热度逐渐增加。但由于一些关键环节尚未取得重要突破，经济性较差，氢能在交通领域大规模商业化应用仍有较长的路要走，近中期氢能发展的重点仍以基础研发及小规模示范应用为主。特别是考虑到氢能的能量密度是油品的3倍多，但体积却是后者4倍多，目前研发领域集中于长途货运及短途船舶和飞机。

4.3.2.1 重卡领域

重卡领域燃料替代方案主要有充电（换电）和氢燃料电池两种技术路线。2019年底我国民用载货汽车拥有量为2780万辆，其中重型载货汽车（12 t以上）为760万辆。中交兴路联合长安大学发布的《中国公路货运大数据报告2019》对其中613万辆重载汽车统计数据表明，公路货运车辆日均营运里程约为275 km，日均营运500 km以上仅占15%，约为92万辆[②]。

由于当前及未来一段时期，电动汽车在产业规模、经济竞争性上均优于燃料电池汽车，因此，短途及营运路线较为固定的重卡，优先考虑充电的技术路线，而日均运营里程较长，或换电基础设施较为薄

---

① 全国能源信息平台. 全球氢燃料电池汽车保有量超过3万辆，韩国成为首个万辆级国家［EB/OL］. 2021-01-18. https://baijiahao.baidu.com/s?id=1689221496061326162.

② 中交兴路联合长安大学发布2019公路货运大数据报告［EB/OL］. 中国道路交通运输网，2020-04-02. http://www.chinarta.com/html/2020-4/202042164022.htm.

弱地区，则考虑燃料电池重卡。预计 2035 年，氢燃料汽车规模约为 40 万辆，氢能需求 150 万 t；2060 年，氢燃料汽车规模为 190 万 ~ 300 万辆，氢能需求 500 万 ~800 万 t。

4.3.2.2　航空领域

随着我国人均收入水平的提高，航空成为商务和旅游出行的重要选择。当前我国人均航空出行次数仅为 0.47 次，而美国已达到 2.73 次[①]。尽管我国高铁以其较高行驶速度与舒适性势必在一定程度上替代航空出行，但根据《新时代民航强国建设行动纲要》，预计 2021—2035 年，我国人均航空出行次数超过 1 次[②]，航空运输规模还将有所扩大。氢动力飞机排放物以水为主，在飞行过程中可以减少对气候的影响，有利于推动实现碳中和，相关研发与应用已逐步开展。

氢动力飞机主要有两种形式。一种是将氢作为燃料电池的动力来源，由燃料电池提供电能，驱动电机运转，再由电机驱动推进器，为飞机提供前进动力，考虑到设备的尺寸、重量、成本以及当前的技术水平等诸多因素，该形式目前仅可用于小型支线飞机及无人机领域。另一种则是以氢作为航空发动机的燃料，替代传统航空燃料，能够在中型和大型飞机上取代航空煤油，飞行里程可达 10000 km。

氢燃料的主要不足在于其密度低且储存所需的温度极低。在具有的能量一定时，储存液态氢所用的加压燃料箱体积约为常规飞机油箱的 4 倍。特别是在远程飞机上，由于燃料箱尺寸过大，无法安装在传统飞机的机翼内，需采取异常庞大的机身或大型机翼设计，且燃料箱必须广泛绝热并增压。上述要求使得氢动力远程飞机需要采取革新式设计，短期无法看清应用前景。由于航空用能的特点，未来氢动力只

---

① 郭才森．中国民航市场发展趋势展望与政策建议［EB/OL］．民航新型智库，2021-10-29. http://att.caacnews.com.cn/mhfzzcgjyxb/mhfzzcgjyxb4th/202110/t20211029_59566.html.

② 民航局．关于印发新时代民航强国建设行动纲要的通知［EB/OL］．2018-11-26. https://www.gov.cn/zhengce/zhengceku/2018-12/31/content_5437866.htm.

能支持市场份额较小的近程、支线、通勤飞机低碳化发展。结合相应规格飞机的市场需求预测，2040 年民航氢能需求达到 100 万 t，2060 年氢能需求在 300 万 ~500 万 t。

4.3.2.3 水运领域

水运在我国货运周转量中占据重要地位，近年来虽有所下降，但目前占比依然在 50% 左右。我国水运大体分为内河运输、沿海运输和远洋运输三种方式，其中内河运输完成货物周转量约占水运周转量的 16%，沿海运输约占 32%，远洋运输约占 52%。考虑到水运是成本最低的运输方式，随着“公转水”“铁水联运”的推广，水路运输未来依然会在我国货物运输中占据重要地位。

国际能源署《能源技术展望 2020》指出，2070 年海运领域生物燃料、氢和氨将满足超过 80% 的燃料需求。氢、氨燃料是未来零排放解决方案的重点发展方向。氢的最佳应用方式是作为燃料电池的燃料，而氨不仅可以直接作为内燃机的燃料，也可作为氢的运输和储存载体。从技术可行性和经济可接受性出发，氨较氢燃料更易在船上应用。长远来看，由于燃料电池系统的燃料效率高于内燃机系统，且随着时间的推移，其投资成本将显著减少，较为昂贵的零碳能源可逐步投入应用。综合来看，氨燃料电池应成为远期优选的船舶动力系统。

内河及沿海航行船舶对燃料能量密度和动力装置推进功率的要求相对较低，可选择的碳减排路径比较多，包括推广天然气、甲醇、生物燃料、氢、氨和电能替代等，氨、氢在技术经济性允许的情况下可作为一项低碳选择。远洋航行船舶载重吨位较大、航程较长、靠港频次低、燃料加注相对不便，需要使用能量密度较高的燃料和功率较大的动力装置。未来国际航行船舶发展和应用的清洁能源主要为生物燃料、甲醇和氨，氢能将以氨为载体通过燃料电池为远洋航行提供低碳动力。综合预测，2060 年水运领域氢能需求为 500 万 ~600 万 t。

4.3.2.4　小结

综上所述，近中期交通部门氢能需求较少，预计 2035 年左右，氢能生产、输送、储存技术将会有明显进展，氢能有望逐步用于交通部门电能难以替代的场景，特别是可以应用在远洋巨轮及远距离民航飞机中。研究表明，2060 年交通部门氢能总需求为 1400 万 ~2050 万 t，其中重卡领域需求为 500 万 ~800 万 t，民航为 300 万 ~500 万 t，水运为 500 万 ~600 万 t，其他交通领域为 100 万 ~150 万 t。届时氢能可满足交通用能需求的 20% 以上，将发挥比较重要的替代作用。

4.3.3　建筑部门

建筑、能源等领域并非“难以减排领域”，氢能也不是必然选项。但如果从提升能源利用效率、降低能源服务成本等角度考虑，氢能仍有一定发展空间。家用氢燃料电池热电联产具有利用技术种类多、发电规模可大可小、设备容易安装及可满足不同需求等优点，可为一定区域内商业和住宅的供电问题提供解决方案。目前，以固体氧化物燃料电池（SOFC）为主的分布式发电已在欧美日韩等发达国家和地区开始初步商业化。如日本推广的 ENE-FARM 项目，通过固体氧化物燃料电池进行热电联产，系统效率高达 90% 以上，且使用过程无污染物排放，目前其家用燃料电池热电联供系统安装量已超过 30 万套，并几乎可以无补贴推广。家用燃料电池热电联产装置未来在我国高档写字楼、别墅区都有推广潜力。这种分布式热电联供系统还特别适用于电力、燃气基础设施不可达地区。我国已有地区开始探索“光伏 + 氢燃料电池”模式，为偏远地区特别是牧区人口提供能源服务。

实现碳中和情景下，2060 年建筑部门氢能需求为 400 万 ~500 万 t。

4.3.4　能源部门

氢气储能是电力系统大规模、长周期的重要技术方案。当波动性可再生能源在电源结构中占到较高比重时，单纯依靠短周期（小时级）储能将无法满足电力系统稳定运行需要。氢能作为大规模储能介质，能量存储边际成本增速远低于电化学储能，可满足高比例可再生能源系统大容量、长周期（日、月、季节尺度）储能需求。参与可再生能源电力消纳的绿氢可直接应用于交通、工业、建筑等终端用能部门，也可以氢基液体燃料的方式实现长期存储和跨季节发电。长周期储氢的市场规模取决于可再生能源发电规模和成本，不断下降的可再生能源成本和持续提升的电力系统长周期调节需求，将提升氢气储能经济性水平。预计到 2060 年，可再生能源发电储氢电量超过 2.5 万亿 kWh，对应制氢规模超过 6000 万 t，其中大部分流入工业、交通领域作为清洁原料及燃料，另有 6%~10% 的绿氢通过燃料电池或掺氢发电以电力形式流回电力系统。

燃料电池备用电源是一整套备用电源解决方案，目前国内已有多个地区采用。当前弗尔赛能源的固定式备用电源是国内市场应用规模最大的产品，已形成百余套产品在线运行网络，其通信基站备用电源产品已在上海、江苏、厦门等地推广应用。此外，由于我国正在大力推进信息基础设施建设，5G 基站、大数据中心用电量激增给所在地电力供应造成较大压力。“光伏 + 氢储能 + 燃料电池发电”可形成一个分布式能源站，为信息基础设施提供能源解决方案。

实现碳中和情景下，2060 年能源部门氢能需求为 500 万 ~800 万 t。

4.3.5 氢能需求总量及结构展望

综上所述，2060 年我国氢能需求总量在 9700 万 ~12150 万 t。如图 4–2 所示，在下限方案中，工业领域氢能需求将占到全部需求的 76%，交通领域占 14%；上限方案中，工业领域将占 72%，交通领域占 17%。下限方案中，氢能需求预测基于“必要”原则，优先用于没有其他低碳方案的领域，例如工业原料的上限方案中，考虑到燃料电池技术进步和成本下降均较快，能够与锂电池等替代技术路线形成竞争关系，交通等领域氢能需求有所提升。

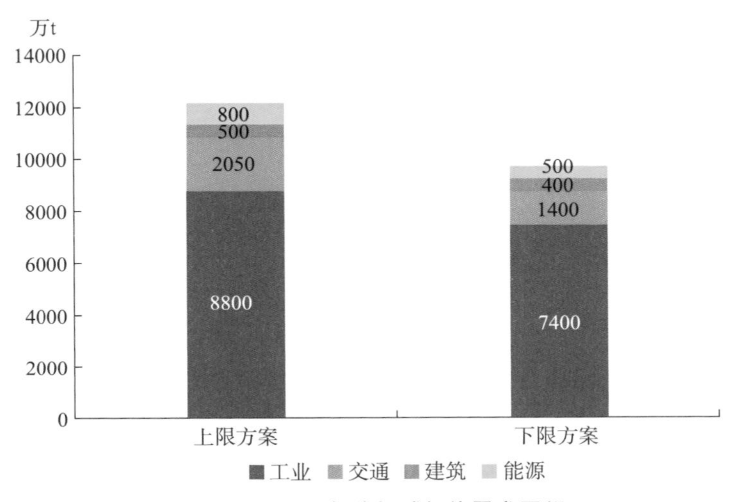

图 4-2　2060 年分领域氢能需求展望

第 5 章

推动可再生能源制氢可持续发展的重点任务和路径

5.1 三管齐下推动绿氢生产成本大幅下降

5.1.1 技术装备创新

制氢设备原材料性能的提升是绿氢成本降低的关键。本节将以碱性电解槽核心材料（电极、隔膜）为例，分析原材料性能提升对绿氢成本降低的促进作用。

5.1.1.1 碱性电解水制氢电极发展现状

碱性电解水制氢电极技术路线差异体现在制造工艺、催化剂材料类型以及电极基材三方面。碱性电解槽电极需要将催化剂附着于基材上，商业上得到应用的主流方法有热喷涂法、电沉积法。其中热喷涂法在产业中已经得到了大规模的应用，电沉积法作为一种有前景的方法，也被小部分厂家应用，而其他方法则处在实验室阶段。热喷涂法的原理是通过高温热源（火焰、电弧、等离子弧等）将材料加热到熔融或者半熔融状态后，通过高速气流使材料雾化，并喷涂在被净化以及粗化的零件表面。热喷涂法制备的电极具有低成本、技术成熟等优势，但催化活性相对较低，且难以沉积形成纳米结构。电沉积法的原理是利用电能将电镀液中的金属离子（催化剂），在电位差的作用下，移动到阴极上还原，并在基底上形成镀层。电沉积法制备的电极具有反应（合成）周期短、形成的化合物种类多、易形成纳米结构等优点，然而电沉积法的控制参数多，控制难度大。

催化剂分为阴极催化剂与阳极催化剂。阴极催化剂通常为多元合金及金属化合物。从合金构成来看，多元合金以镍为主，此外还包括贵金属、过渡金属或者 3D、4D 族的高价金属等。由于引入过多元素会导致电极稳定性降低以及寿命衰减，因此多元合金及化合物的元素种类数量常在五元以内，多元合金构成以及组成占比仍有待进一步积极探索。阳极催化剂多采用镍的金属氧化物 / 氢氧化物，目前大部分电解槽通常用镍网作为阳极，并在上面负载氢氧化镍、羟基氧化镍作为催化材料。一般来说，在催化剂材料中引入贵金属有助于提高催化剂表现，但同时会大幅提升成本，因此需要根据项目的要求评估催化剂的选用。

目前，大型碱性电解槽中电极基材主要以纯镍网和泡沫镍为主。主要原因包括：镍网、镍毡等产品比较成熟，镍网的宽幅能够满足大型碱性电解水制氢装置的应用；镍网的目数和厚度可以比较好地控制；镍属于过渡金属材料，价格低廉，性价比较高。

5.1.1.2　碱性电解水制氢隔膜发展现状

隔膜是碱性电解槽的重要组成部分。一方面，隔膜形成的致密网孔可阻隔气体的透过，防止氢氧混合产生爆炸风险，与系统安全性息息相关；另一方面，隔膜由于其自身材质的导电性较差，需要借助电解液在网孔中形成导电通路，是欧姆电阻的主要组成部分，因此其导电率直接与制氢能耗挂钩。

目前国际上将隔膜材料分为三代：石棉隔膜、聚苯硫醚（PPS）隔膜和复合隔膜。石棉隔膜由于其致癌风险已被多数国家禁用。在亚洲地区主要采用的是 PPS 隔膜，在欧洲地区则主推复合隔膜。PPS 隔膜凭借低成本占据了我国近 95% 的市场份额，但是其面临亲水性差（进而导致面电阻大，影响系统效率）、孔隙率大（氢氧杂质高）的问题。目前不少厂家开始研发并推广长纤维编织的隔膜，虽然编织难度较短纤维更大，成本也相对较高，但是其亲水性和气密性都有所提升，未来随着其大规模的生产，成本将进一步下降。复合隔膜虽然在导电性和气密性上更加优秀，但由于国内厂家研发时间较短，其稳定性和可靠性相对较差，未经过项目长期的验证。另外，目前适用于波动性可再生能源制氢场景的隔膜相关测试技术国内还比较欠缺，隔膜在相关场景下的可靠性尚未被验证。

未来碱性电解水制氢隔膜的发展方向主要包括两方面。一是隔膜电阻率的降低，可以通过更换更先进的纺织工艺、材料表面改性、更改复合隔膜涂敷颗粒等方式改变隔膜的亲水性并增加其气密性；二是隔膜相关测试技术的开发，包括气密性测试、面电阻测试、稳定性测试等的标准化，以及波动性电解工况下可靠性的相关机理研究。

5.1.1.3 原材料性能提升对制氢成本的影响

电极和隔膜的材料性能提升可以降低制氢能耗及制氢设备固定成本，从而降低可再生能源制氢成本。通过优化电极结构和催化剂组成可以降低电解反应的析氢和析氧过电位，而降低隔膜厚度或提高隔膜亲水性则可以降低电解反应的欧姆过电位，二者均能有效降低电解水制氢过程的能量损耗，提高电—氢转换效率。例如，将雷尼镍电极更换为高效多元电极，过电位降低约 200 mV，制氢能耗可降低 0.4~0.5 kWh/Nm^3 H_2；将 PPS 隔膜更换为复合隔膜，面电阻降低约 0.1 Ω · cm^2，在 2500 A/m^2 电密水平下，制氢能耗可降低约 0.056 kWh/Nm^3 H_2。

制氢设备成本降低和制氢能耗降低是材料性能提升的一体两面。在电解槽小池数固定的情况下，更好的材料意味着更低的制氢能耗，然而若保持制氢能耗为原有水平，则更好的材料性能会使同等产氢量下所需的电解小池数减少，从而降低电解槽固定成本。例如，若在保持电解电压为 1.9 V 的情况下，将雷尼镍电极更换为高效多元电极，则 1000 Nm^3 电解槽的小池数可从约 300 个减少至约 150 个，使得电解槽材料成本大幅降低。

5.1.2 体制机制创新

推动绿氢成本下降的另一个重要手段是进行体制机制创新。机制体制创新首先要求我们基于氢能产业链各环节的技术特点和发展需求，统筹推进各类标准的制定与实施，适时将科技创新成果转化为标准，加快氢能全产业链关键技术、产品、装备、检测检验、安全与管理等标准的制定，打通氢能产业链上下游关键环节，充分发挥标准对氢能产业发展的引领作用。其次要求我们在氢能产业标准不断丰富充实的同时，大规模普及风光离网就地制氢，提升能量转换效率，以此来推动绿氢生产成本的大幅度下降。

目前我国氢能产业总体处于示范应用和商业模式探索阶段，标准化体系尚不完善。近两年才出现与电解水制氢系统性能相关的标准，如《碱性水电解制氢系统“领跑者行动”性能评价导则》（T/CAB 0166—2022）、由清华四川能源互联网研究院牵头的《低温水电解制氢系统稳动态及电能质量性能测试方法》（T/CSTE 0103—2022）。氢能产业链上下游标准协同存在不足，导致生产成本与应用成本偏高。例如在电解水制氢设备的成本构成中，电解槽本身只占总成本的 50%，气液分离、干燥纯化等公共辅助装置占总成本的 20%～30%。公共辅助装置成本如此高昂的原因在于电解水制氢公辅装置设计标准缺失，定制化程度高。此外，电解水制氢厂站的工程建设也是一项高度定制化的工作，土建工作需考虑的安全、防爆等事项，均无标准参考，需投入大量时间和人力物力，一厂一例地进行图纸设计和建设。目前电解水制氢项目多处于示范工程阶段，工程设计、公辅装置等因非标定制导致成本偏高。因此，加快氢能全产业链上下游标准化体系的建立，是体制机制创新的基础，应作为一项推动可再生能源制氢可持续发展的重点任务。

在氢能标准化体系不断完善的基础上，大规模普及风光就地制氢是绿氢制备体制机制创新的重要环节。目前国内化工业年碳排放超过 4 亿 t，实现碳减排每年需要 2000 万 t 绿氢，约合 1.2 万亿度绿电，由于制备绿氢所需电量非常大，电网并不能帮助支撑绿氢系统调峰。想要解决这一难题，未来绿氢的规模化发展需要走离网型就地制绿氢的技术路线。国务院发布的《关于推动内蒙古高质量发展奋力书写中国式现代化新篇章的意见》中提出："开展大规模风光制氢、新型储能技术攻关，推进绿氢制绿氨、绿醇及氢冶金产业化应用……鼓励新能源就地消纳……"大规模风光就地制氢的普及需要将离网制氢能力以及能量转换效率的提升作为重点任务。加快离网制氢系统稳定性提升以及变流器级、场站级控制的技术攻关与示范落地，为就地离网制氢提供技术支持。探索合理的绿氢存储手段以及下游消纳方式，解决大规模就地制氢的后顾之忧。降低弃风率、弃光率，通过设计合理优化变流器损耗，降低电解水制氢系统电耗，推广"氢—氨/甲醇"等高效率储氢或消纳路线，提高"风/光—电—氢—用氢终端"能量转换效率，可进一步推动绿氢生产成本的大幅度下降。

5.1.3 商业模式创新

随着全球对可再生能源和清洁能源的需求不断增长，制氢技术作为一种清洁能源生产手段备受关注。制约可再生能源制氢发展的主要问题之一是成本，尤其是绿氢的成本。该部分将深入探讨如何通过商业模式创新推动可再生能源制氢的可持续发展，并就如何降低绿氢生产成本进行详细分析。

5.1.3.1 打通可再生能源制氢上下游产业链

要推动可再生能源制氢的可持续发展，关键是要打通产业链，实现全产业链的标准化和大规模发展。这涉及从可再生能源的生产到氢能利用的整个过程，具体而言，包括风电和光伏发电、电解槽工艺与装备制造、制氢电源、储氢技术以及氢化工等方面。通过促进产业链上下游的合作与协调，可以提高整个产业链的效率，降低生产成本，从而推动可再生能源制氢的可持续发展。此外，还应加强产业间的合作与交流，通过技术创新和经验分享，不断提升产业链的整体水平，推动产业健康发展。

5.1.3.2　因地制宜，发展大规模风光离网制氢技术

针对不同地区的资源特点，需要因地制宜地选择合适的制氢技术。在风光资源丰富的地区，可以采用大规模风光离网制氢技术。例如，在内蒙古、东北等风电资源丰富的地方，可以试行风电离网制氢；在青海、内蒙古库布齐沙漠等光伏资源丰富的地方，则可以试行光伏离网制氢。这样可以充分利用当地的可再生能源资源，实现绿氢的规模化制备。该技术电解槽规模大、数量多、调节灵活性强，可作为负荷侧与风光发电电源构成离网电力系统，同时考虑安全性等因素，结合制氢辅助系统及下游绿氢化工等应用，探索优先利用自发绿电并由电网提供备用支撑，在保障系统安全稳定运行的同时提高绿电消纳能力。此外，应该注重技术创新和研发投入，不断提升离网制氢技术的效率和稳定性，降低生产成本，提高制氢的经济性和竞争力。

5.1.3.3　创新可再生能源制氢的并网模式

目前可再生能源制氢的并网模式主要是自发自用、余电上网。然而，随着电力市场化交易的推进，这种模式已经不再适应新的发展需求。2024 年 3 月 18 日国家发展改革委发布《全额保障性收购可再生能源电量监管办法》（以下简称《办法》），第四条提出：“可再生能源发电项目上网电量包括保障性收购电量和市场交易电量。保障性收购电量是指按照国家可再生能源消纳保障机制、比重目标等相关规定，应由电力市场相关成员承担收购义务的电量。市场交易电量是指通过市场化方式形成价格的电量，由售电企业和电力用户等共同承担收购责任。”因此，需要创新可再生能源制氢的并网模式，从原来的“自发自用，余电上网”变为“基电上网，弃电制氢”。这样可以更好地适应市场化交易的需求，提高项目的收益保障。此外，应该加强政策支持，建立健全市场机制，促进可再生能源制氢的发展，推动绿色氢产业健康发展。

随着并网模式的变化，制氢技术也需要相应调整，以适应更加苛

刻的新能源波动性和间歇性。这包括提高电解槽的效率和稳定性、优化储氢技术以及改进绿氢电化工等方面。通过不断提升制氢技术的适应性，可以进一步降低绿氢的生产成本，推动可再生能源制氢的可持续发展。同时，应该加强科研力量，加大对制氢技术的研发投入，提升技术水平，提高产业竞争力，推动我国可再生能源制氢产业健康发展。

5.1.3.4 加强国际合作，推动全球可再生能源制氢产业的发展

可再生能源制氢是一个全球性的产业，需要加强国际合作，共同推动全球可再生能源制氢产业的发展。我国在可再生能源制氢领域具有丰富的经验和技术优势，可以通过与其他国家和地区的合作，共同开展技术研发、项目合作，促进全球可再生能源制氢产业的发展。同时，应该加强国际交流与合作，推动相关国际组织和机构共同推进可再生能源制氢产业的发展，促进全球可再生能源制氢产业的繁荣和健康发展。

总之，可再生能源制氢的可持续发展需要从商业模式创新着手，通过打通产业链、因地制宜选择技术、创新并网模式以及提升制氢技术的适应性等措施，推动绿氢生产成本大幅下降。这将为可再生能源制氢的可持续发展提供重要支撑，也将为我国清洁能源产业的发展注入新的活力。

5.2 因地制宜，探索多元化发展模式

因地制宜探索多元化发展模式，将有助于实现碳达峰、碳中和目标，深入推进工业生产和消费革命，构建清洁低碳、安全高效的能源体系，促进氢能产业高质量发展。氢能在化工、航运、储能等方面都有丰富的应用场景，可发挥重要作用。

5.2.1　绿氢就地转化化工产品

绿氢电化工领域终端产品具有绿色溢价的特点，是绿氢下游产业发展的一大主流。绿氢就地转化化工产品是利用电解水制氢设备，以风光等可再生能源电力制备绿氢，然后与碳捕集、空分等技术耦合，在下游的化工厂生产合成氨、甲醇、烷烃等重要化工产品（见图 5–1）。其中，合成氨主要用于后续制备尿素、硝酸、纯碱、三聚氰胺等，合成甲醇主要用作燃料或制备乙烯、丙烯、芳香烃等，合成烷烃主要用作可再生柴油、可再生航煤等。

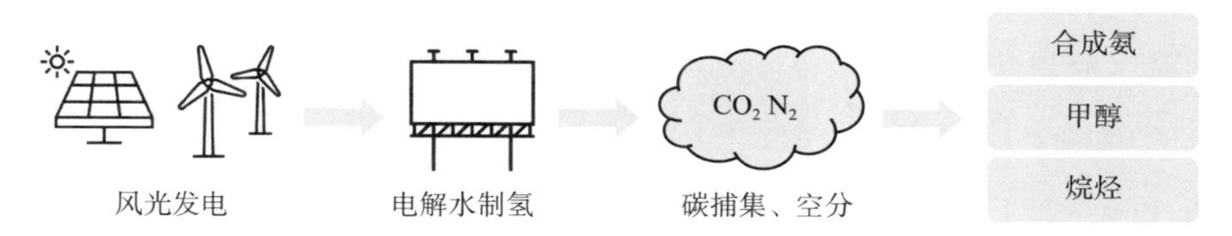

图 5–1　可再生能源制氢就地转化化工产品示意图

目前国内多个重点经济省份能耗和碳排指标紧缺，高能耗高碳排的灰色化工产品（如灰氨）生产受限，高能耗高碳排的化工行业发展需要注入绿色资源。同时以氨为代表的化工产品在 2020 年以来价格持续走高，基本实现中高位稳定，足以支撑具有经济性的规模化绿氢下游产业发展。以氨产业为例，2023 年中国尿素产量约 6100 万 t，需要耗氨 3000 多万 t，换算成绿氢消费为 600 多万 t。

绿氢就地转化化工产品的发展模式适用于风光资源良好、土地性质可开发、水指标充足、临近化工园区或化工产品供应链的地方，如内蒙古、吉林、海南等地。可通过建设和运营可再生能源与电制氢、化工合成一体化项目，联合优化电源、制氢、储氢、化工合成配比，充分利用灵活制储氢和柔性化工合成实现规模化的平价绿色化工产品生产。

5.2.2 发展绿色氢基高密度燃料

全球范围内碳中和政策背景下，航运业正面临巨大的碳减排压力。国际海事组织（International Maritime Organization，IMO）于 2018 年通过了航运业温室气体减排初步战略，以 2008 年碳排放为基准，提出到 2030 年航运业碳排放强度降低 40%、到 2050 年碳排放强度降低 70%（碳排放总量降低 50%）的明确目标。欧盟于 2023 年通过了将海运业纳入欧盟碳交易体系（EU ETS）提案的最终妥协文本，明确到 2022 年将航运业碳排放全部纳入 EU ETS 之中。面对这些政策举措，世界航运巨头，如马士基、达飞等正在全球范围内寻求绿色燃料，而以甲醇、氨燃料为代表的绿色氢基燃料是其关注的重点。欧盟的可再生能源指令 RED Ⅱ 中更是引入了非生物来源的可再生燃料（Renewable Fuels of Non-Biological Origin，RFNBO）和再循环碳燃料（Recycled Carbon Fuels，RCF）这两个概念，对绿色氢基燃料作出了详细规定。

发展绿色氢基高密度燃料作为绿氢下游产业，可以结合当地风光资源、土地水资源可利用性和供应链条件综合评估和规划。比如海南、吉林等地，具有良好的海风或陆地风光资源，同时临近大型港口，发展绿色氢基高密度燃料合成产业具有资源和区域优势。

5.2.3 氢氨中长时储能为电力系统运行提升可靠性

根据国际能源署（IEA，International Energy Agency）的预测（见图 5–2），2060 年我国灵活负荷电力需求将达 30 亿 kW，对应单次日级别放电的电量达 720 亿度，等热值所需的氢气 643 万 t，合成氨 1384 万 t；对应单次周级别放电的氢氨需求分别为 4500 万 t 和 9688 万 t。氢氨中长时储能参与电网调峰的潜在需求是巨大的。

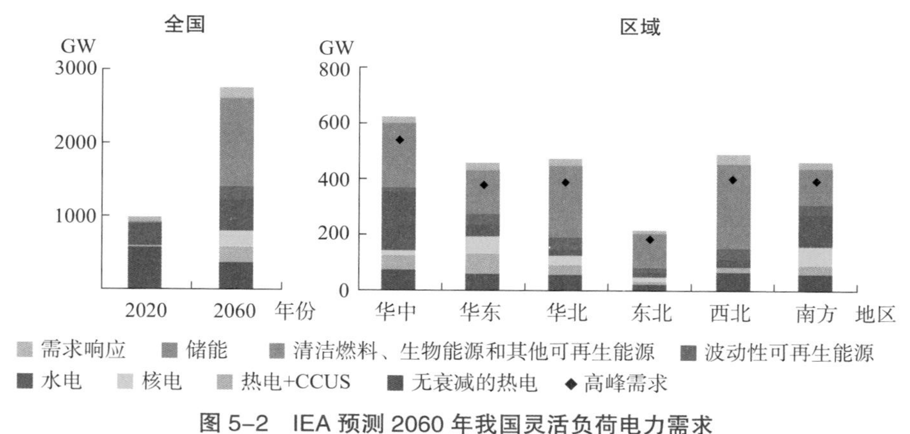

图 5-2 IEA 预测 2060 年我国灵活负荷电力需求

资料来源：IEA. An Energy Sector Roadmap to Carbon Neutrality in China [R]. 2021.

氢氨储能的能量存储环节单位造价、体积能量密度和单位占地均远低于电化学技术路线，而能量转换环节单位造价远高于电化学技术路线，“电—电”转换效率较低。因此氢氨储能适用于长放电时长、低年放电次数的需求，在供需间存在多时间尺度失衡和火电（煤电和气电）调峰机组比例高的电网减碳中极具应用前景。

氢氨长时储能在送端电网和受端电网都具有极佳的应用场景。送端电网以西北“沙戈荒”新能源大基地为例，风光发电存在随机性、波动性和间歇性，尤其存在连续多日无风无光 / 少风少光的极端场景，特高压输电通常根据送、受端特性来确定一条固定的送电曲线，几乎不具备灵活调节能力，风光间歇性和源荷的季节性不平衡问题需要通过中长时储能来解决，氢氨储能是具有潜力的解决方案。受端电网以东南沿海重点经济省份电网为例，具有氢氨长时储能调峰的零碳新型电力系统，在深度减碳的情况下，可以实现更优的综合用电成本。

5.3 建设基础设施，化解时空错配矛盾

我国风光资源丰富地区与负荷消纳集中地区存在着严重的时空错

配问题。我国东部沿海地区是负荷消纳集中地区，人口密集、工商业发达，能源需求大；而能源需求较小的西部地区和北部地区却是风光资源丰富地区，风力和太阳能资源充沛。这种时空错配导致了风光能源无法满足东部沿海地区的能源需求，西部与北部地区的风光能源无法得到有效利用。为了解决这一问题，需要进行远距离能量传输，即将西部和北部地区的风光能源输送到东部地区。这就需要建设完善的基础设施来实现远距离的能量传输。

一种路线是大基地外送线路开辟绿氢专道实现需求侧就地制氢，建设高压直流输电基础设施，以电能的形式输送能量。高压直流输电是目前传输远距离电能的最有效方式，可以减小输电损耗，提高输电效率。以西南流域大基地为例，可通过特高压直流线路向广东输送风光水绿电，在电力规划中预留部分输电容量专供广东需求侧制备调峰绿氢燃料。考虑 ±800 kV 的特高压外送，2000 km 的输电系统在合理的收益率水平下，输电价格在 0.08~0.1 元 /kWh，按 5 kWh/Nm^3 的电制氢平均能耗折算，等效的输氢价格在 0.4~0.5 元 /Nm^3，若能将水风光绿电制氢的价格控制在 1.5 元 /Nm^3，那么绿氢的落地价格有望控制在 2 元 /Nm^3 以下。同时还需要建设智能电网技术设施，实现对远距离能量传输的精准调控和管理。

另一种路线是大基地就地制氢，通过输氢 / 掺氢管线实现长距离外送，以氢气的形式输送能量。由于大基地源侧土地资源丰富，可以配置更大规模的储氢设施，提升输氢系统的利用小时数。参考我国“济源—洛阳”氢气管道工程的造价水平，2000 km 输氢工程在合理的收益率水平下，输氢价格大约为 0.5 元 /Nm^3，与特高压输电就地制氢类似，也有望实现 2 元 /Nm^3 的落地氢价。同时，还可在燃机发电中掺烧绿氢，逐步提高掺氢比例，分步骤实现降碳。

输电成本主要由变电站或换流站投资、线路投资、线损成本和运维费用组成，输氢成本主要由氢气压缩站投资、管道投资和运维费用组成。以单位能量为标准，具体对比相同规模下的输电输氢的能量输送成本。计算结果表明，对于短距离的能量输送，可以利用 220 kV 或 500 kV 的交流输电实现较低成本的能量输送；而在 500~2000 km 中长距离范围内，管道输氢的能量输送成本低于 ±800 kV 特高压输电的能量输送成本；对于 2000 km 的能量输送，两者的能量输送成本均在 3.3 分 /MJ 左右。

由于传统的电网设施已经建立完善，输电线路的成本相对较低，并且电力在输送过程中损耗较小，因此当前小规模、短距离的能量输送可通过输电实现，这主要得益于电网设施的完善和电力输送的高效性。但对于大规模、跨区域的能量输送，管道输氢具备明显的成本优势，随着氢能源的发展和应用，当氢气下游的需求量足够大，可以支撑大规模的氢能输送时，通过管道运输氢气是一种可靠且成本较低的方法，并且可以实现氢气的长期稳定供应。随着技术的发展，氢气管道的建设成本和氢气的输送损耗将进一步降低，并且随着氢气输送网络的进一步完善，管道输氢这一方式的能量输送成本也有望得到降低，因此管道输氢会成为未来能源输送的更优选择。此外，在安全性方面，输氢管道也因为埋地建设而具有更高的可靠性。除了基础设施的建设，还需要加强跨区域的能量传输规划和协调管理，实现不同地区之间的能源互补和协同发展。同时也需要加大对风力和太阳能资源的综合利用研究，提高风光能源的利用效率和稳定性。

总之，为解决我国风光资源丰富地区与负荷消纳集中地区的时空错配问题，需要全面推进基础设施建设、加强跨区域协调管理。在选择能源输送方式时，需要综合考虑经济性、可靠性、安全性和环境影响等因素。同时应不断完善风光能源利用的政策和技术措施，实现我国能源资源的合理开发和利用，助力实现可持续发展目标。

5.4 开展离网型可再生能源制氢及下游柔性生产一体化示范

5.4.1 离网型可再生能源制氢

离网型可再生能源制氢存在多种技术手段，主要有光伏离网制氢、陆地风电离网制氢及海上风电离网制氢等。

光伏离网制氢系统是由光伏电站出口电压通过 DC/DC 变换器经过升压或降压变换后给电解槽供电。最大功率跟踪的实现方式为，在 DC/DC 变换器的电压外环施加叠加扰动的参考指令，不断调整电解槽功率，由于能量守恒，光伏输出功率也会随之调整，直到其输出功率与当前光照强度下的最大功率点相匹配。光伏低压离网制氢系统与中高压离网制氢系统相比，变换级数少，只需要一级 DC/DC 变换（见图 5–3），能量转换效率高，间接降低了绿氢制备成本。局限性在于，考虑到传输线路损耗，光伏厂站与制氢厂站距离不能太远。

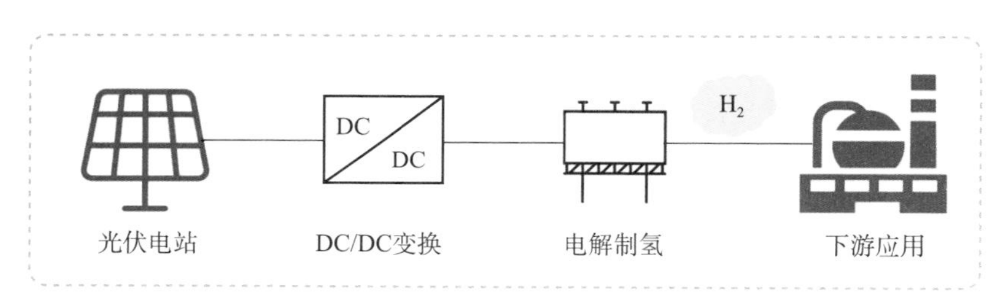

图 5–3　光伏低压离网制氢系统示意图

陆地风电中压离网制氢系统是由风力发电机经过背靠背变流器和变压器将电能汇集到升压站，经升压站升压后，通过 35 kV 交流输电线路，将电能输送至降压站，进入电解水制氢厂站，提供厂用电和电解用电（见图 5–4）。电解用电由一级 AC/DC 制氢电源或 AC/DC+DC/DC 两级制氢电源提供。若需要远距离输电，考虑到线损，输电线路电压等级应适当提升。因陆地风电场址多在山地丘陵，若在风力发电机旁建设电解水制氢厂站，建设和运维难度大、成本高，因此对于陆地风电离网制氢系统，不宜选择低压离网制氢技术路线。

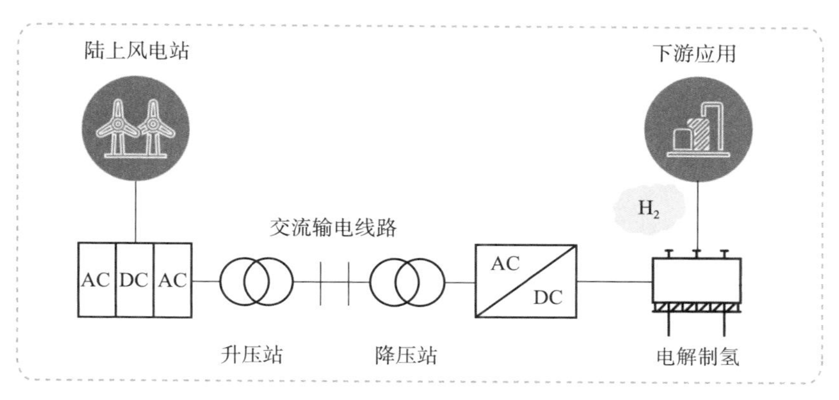

图 5-4　风电中压离网制氢系统示意图

近海风电资源开发利用已趋近饱和，海上风电产业逐渐向大功率、深远海挺进。远海风电最常见的漂浮式基础为半潜式基础，基础成本高、面积大、利用率低，仅平台自重就高达万吨级，并且海底电缆敷设成本较高，因此海上风电离网制氢场景宜采用分布式拓扑，一台风力发电机对应一台电解槽，将电解水制氢工艺集成在漂浮式基础甲板上，风力发电机与电解槽之间通过 AC/DC 和 DC/DC 两级制氢电源进行电能的变换与传输（见图 5-5）。以东南沿海某地区年产 10 万 t 绿氢的离网型海上风电制氢项目为例，假定下游消纳场景为合成绿氨，海

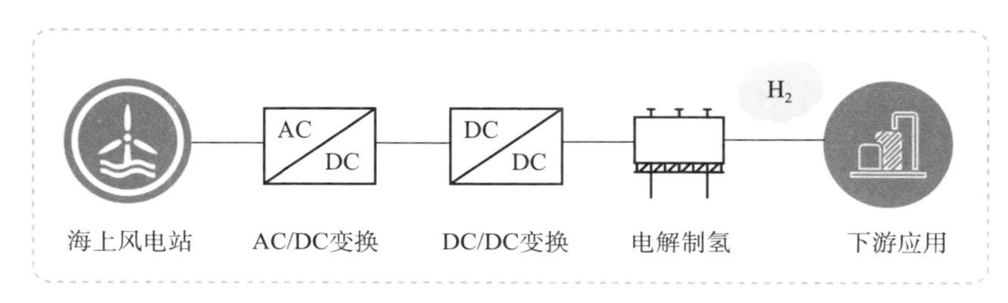

图 5-5　海上风电离网制氢系统示意图

上风电装机规模约 490 MW，电解槽装机 53000 Nm^3/h，储氢规模 180 万 Nm^3，电化学储能 50 MW/50 MWh，项目总投资约 83 亿元，氢气成本约 28 元 /kg。

5.4.2 氢下游柔性生产

氢下游柔性生产手段包括合成氨、合成甲醇和石油炼化等。氨作为储氢载体和理想零碳燃料的研究近年来得到迅速发展，其生产技术工业化成熟，储存运输难度小，更易于长时间储存和运输。氨既可与煤粉混烧发电，也可单独应用于锅炉和燃气轮机发电，亦可替代化石燃料应用于船用内燃机，其将随着技术的进步成为一种重要的二次能源。目前以氨供氢、以氨代氢已成为国际发展趋势之一，各主要经济体均对其规模化生产和使用高度重视。

甲醇亦是理想的储氢载体，其作为重要的化工原料，是有机合成工业的重要中间体和溶剂，在能源和化工产业链技术基本成熟，已经具备大规模推广应用的条件。另外，作为一种动力燃料，甲醇具备高辛烷值，可用作内燃机中的汽油添加剂或替代品，既可实现内燃机高效燃烧，还可降低碳和氮氧化物的排放，可以作为汽油的低成本替代品。

我国石化工业现有工艺流程是烃基炼化，主要依赖化石能源。随着绿电和绿氢成本的大幅降低及逐步大规模应用，绿电将替代化石能源发电、用于中低位热能供热，绿氢将替代化石能源制氢、作燃料用于高位热能供热，工艺流程将变为绿氢炼化。如乙烯装置中，采用绿电和装置自产氢气替代烃类燃料气为裂解炉提供热量，制冷压缩机由透平驱动改为电机驱动，裂解产生的蒸汽仅用于驱动裂解气压缩机等。再如，乙苯装置加热炉加热温度不大于 400℃，可以用绿电加热导热油或绿氢直接作为燃料；苯乙烯装置加热炉加热温度 800℃以上，可以用绿氢直接作为燃料，取代传统的燃料气加热炉，大幅减少碳排放。

在当前全球能源结构转型的背景下，扩大工业领域氢能替代化石能源应用规模，积极引导合成氨、合成甲醇、炼化、煤制油气等行业由高碳工艺向低碳工艺转变，对促进高耗能行业绿色低碳发展具有重要意义。结合政府、企业、高校三者力量，开展离网型可再生能源制氢及下游柔性生产一体化示范，能够促进高能耗行业绿色低碳发展，扩大绿氢应用规模和绿氢市场，是推动可再生能源制氢可持续发展的重点任务和路径。

H2
H₂
H₂

第 6 章

有关保障政策建议

6.1 在全国层面构建可再生能源制氢支持政策体系

一是建立跨部门协调机制。依托国家氢能产业发展中长期规划，统筹建立氢能发展组织协调机制与跨部门联系机制，推动建立部门联动和部际联席会议制度，及时解决产业发展过程中出现的各项重大问题。

二是探索建立全国性绿氢交易平台。鼓励绿氢项目减碳方法学开发，将绿氢 CCER 纳入市场交易品种，打造全国“氢能价格交易指数”、溯源认证以及氢能碳减排的市场化交易机制，探索与全国碳交易市场协同联动。

三是制定可再生能源制氢绿电支持政策。鼓励采用分布式光伏和风电制氢，探索制定可再生能源制氢项目享受“多余绿电上网、以电补氢”政策，鼓励有条件的地区实施可再生能源制氢自发自用绿电优先并网、免交部分系统备用容量费和政府性基金及附加费等支持政策。

四是制定参与电力市场交易政策。建立氢能设施参与现货、辅助服务和中长期交易等各类电力市场的准入条件、交易机制，加快推动氢能进入并允许参与各类电力市场。

五是制定绿氢生产保障政策。对于落实灰氢替代、新型储能的新能源制氢项目，可在竞争性配置、项目核准（备案）、并网时序、系统调度运行安排、保障利用小时数、电力辅助服务补偿考核等方面给予适当倾斜。

六是制定绿氢终端使用保障政策。引导可再生能源指标更多地向产业转型发展领域倾斜，对新建炼化用氢项目提出政策要求，鼓励原料氢中绿氢使用率不低于一定水平。

6.2　推动可再生能源制氢关键技术攻关和标准体系完善

一是支持绿氢装备的国产化研发。引导企业、科研院所等加大技术攻关投入力度，鼓励通过国家重点研发计划、产业基金等途径支持可再生能源制氢及燃料电池基础材料、核心技术和关键部件的技术攻关，促进绿氢技术自主化研发及规模化应用，形成竞争力强的万吨级和十万吨级可再生能源制氢及工业利用降碳技术。

二是实施绿氢领跑者计划。依托第三方行业机构，筹划实施绿氢领跑者计划，构建推动制氢核心技术迭代创新的标准体系，增强标准化治理效能。

三是推进标准体系互认。完善可再生能源制氢制、储、输、用标准体系，针对绿醇、绿氨制定相关国家标准，出台国家级制氢质量、检测评价等基础标准，推进与国际标准的互认和兼容。

四是建立服务保障平台。建立氢系统装备工程检验检测、性能认证等第三方优质公共服务平台和培训基地，完善并提升氢能装备技术的检测、认证、应用等领域基础服务能力，加快绿氢商业化进程。

6.3　鼓励各地区制定可再生能源制氢财税激励政策

一是税收优惠政策。在绿氢生产和装备制造产业链各环节鼓励使用国产材料和设备，对确需进口关键设备和原材料的，免征进口关税或享受低增值税税率；对绿氢制备、装备制造中直接相关环节、零部件生产示范项目，给予自取得第一笔生产经营收入所属纳税年度起，企业所得税实行“两免三减半”优惠。

二是财政补贴政策。基于可再生能源制氢的经济性测算，对采用先进技术的低能耗绿氢项目，从绿氢供给端按实际绿氢销售量对绿氢价格给予补贴，或者按实际制氢量对电费给予补贴，降低绿氢生产成本，保障绿氢的持续稳定供应。

三是电价优惠政策。具备条件的地区加快出台可再生能源制氢优惠电价支持政策，鼓励建立“政府 + 电网 + 发电企业 + 用户侧”四方协作机制，进一步完善分时电价机制，鼓励弃风、弃光、弃水及谷段电力制氢，并对谷电用电量超过 50% 的部分免收基本电费。

四是金融支持政策。鼓励金融机构利用央行碳减排支持工具等政策，将可再生能源制氢和绿氢化工作为重点支持对象，开展涉氢绿色金融产品创新，加大对可再生能源制氢项目的信贷支持。

五是配套奖励政策。鼓励具备条件的地区为可再生能源制氢提供配套风光指标和项目用地支持，对在可再生能源富集地区发展电解水制氢项目的，按照绿氢产能奖励风光电力指标，保障项目用地，简化审批程序。

6.4 推动具备条件的地区创新可再生能源制氢管理机制

一是放开化工园区可再生能源制氢管理限制。出台国家级绿氢安全管理办法，取消电解水制氢、氢基化工（甲醇、合成氨等）必须进入化工园区的限制，允许可再生能源制氢项目在非化工园区建设。

二是开通绿氢项目绿色申报通道。支持离网制氢项目申报，开通离网制氢项目申报流程的绿色通道，促进绿氢基础设施建设。

三是松绑绿氢安全许可政策。将绿氢从危险化学品管理改为能源管理，出台监督标准及规范，降低绿氢制备、储运、使用等环节准入门槛，促进行业健康发展。

第 7 章

中国能建的氢能实践

2021年，中国能建提出一个中心"'30·60'系统解决方案"和"氢能、储能"两个支撑点转型战略，举全集团之力布局氢能产业，成立集团氢能源全产业链和一体化发展的平台——氢能公司，统筹引领中国能建氢能业务发展方向，瞄准建设成为氢能源产业领军企业发展目标，充分发挥投资带动、产业牵引、创新引领作用，全力构建氢能产业一体化发展格局，已成为中国能建氢能源发展路线和总体方案的设计者、践行者和推动者，为贯彻执行国家能源革命战略、支持服务碳达峰碳中和目标贡献能建力量。截至2024年10月，中国能建布局氢能一体化项目50余个，在建项目5个，设计总绿氢产能超过59.19万t，是国内绿氢产业的领军企业，氢能产业已成为中国能建的核心产业。氢能公司现有员工108人，拥有各类高素质人才。其中：博士研究生10人，硕士研究生56人；正高级职称10人，副高级职称34人。

7.1 布局氢能产业版图，推动氢能全产业链协同发展

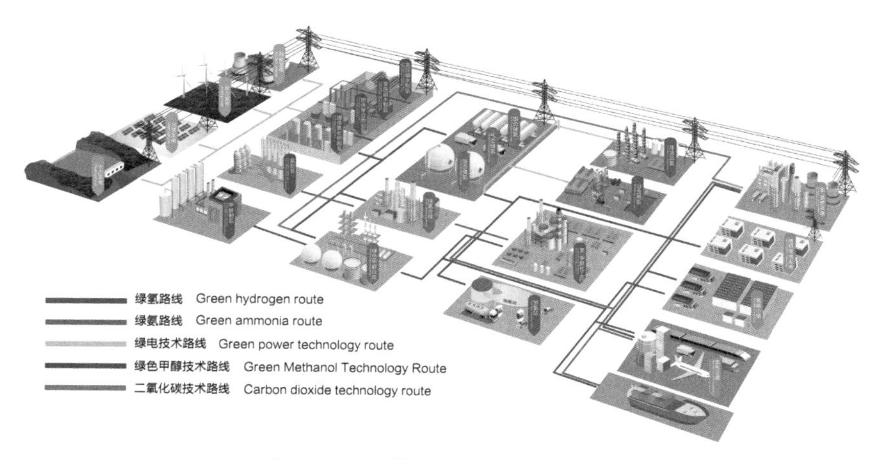

图7–1 氢能公司氢能全产业链

7.1.1　全力打造“四大平台”

氢能公司以“在氢能业务发展上，要走在央企前列，争当行业排头兵”的发展要求为指导，坚持“五大导向”，全力打造中国能建氢能业务“四大平台”，成为中国能建氢能源发展路线和总体方案的设计者、践行者和推动者。充分发挥氢能全产业链布局的链长聚集优势，锻长板、补短板，积极推动外部协调和资源整合。

投建营一体化平台。采用投资开发、工程建设、运营管理“三位一体”的发展模式，打通从投资、建设、管理到运营整条产业链，实现对项目全生命周期、全产业链的掌控，实现算得赢、建得好、有收益的投建营目标，全面推进氢能业务发展。目前在建项目有中能建松原氢能产业园（绿色氢氨醇一体化）项目、中能建兰州新区氢能产业园制储加用氢及配套光伏项目等。

产业平台。青启未来（北京）氢能源科技有限公司，作为产业平台，致力优化完善贯通氢能全产业链。该公司以高技术、轻资产的产业投资和资本运作等多种方式，与产业链各环节优质企业开展广泛合作；在氢能关键技术转化、工艺集成、装备成套、检验检测、氢能交通等领域集中发力，推动氢能产业规模化、健康化、可持续化发展；构筑良好产业生态，形成具有较强盈利能力的新商业模式，提高核心竞争力、增强核心功能、聚焦价值创造。为中国能建、氢能公司在氢能产业赛道形成全产业链竞争优势，迅速成长为国内外氢能行业领军企业提供强大动力。

技术研发平台。以国家氢能重大战略指引为导向，以氢能产业科技前沿为引领，以满足地区氢能需求为抓手，以氢能全产业链布局为特色，以推进氢能全产业链关键技术的革新突破为重点，推动传统能源化工产业绿色化、低碳化转型，打造中国能建氢能技术原创技术策源地。技术创新研发平台以专利权、技术标准、科技奖项、工程奖项、商标、特许经营权、高新技术企业、高端人才等为核心要素，构建丰富的无形资产体系，打造国际一流的科技型氢能公司。

技术合作应用平台。围绕大型绿色氢氨醇基地和氢气的能源属性与原料属性两个基本属性，在氢能“制、储、运、加、用”领域以技术合作、技术引进等方式加速科技成果转化应用，形成具有能建特色的氢能产业技术系统解决方案，全力打造国内一流、国际有影响的氢能原始创新策源地，为形成千亿级氢能上市企业提供科技支撑。

2024 年 1 月，集团批复由氢能公司牵头、联合集团内外优势单位，组建集团级氢能研究院。氢能研究院以国家氢能战略指引为导向、氢能产业科技前沿为引领、氢能行业发展痛点堵点需求为抓手，全力推进氢制、储、运、加、用全链条共性关键技术突破，助力传统能源产业绿色低碳转型，是中国能建开展氢能关键技术研发与商业模式创新的科技研发平台，是与国家级研发机构、行业协会、科研院所，以及国内外高端科技人才等对接的合作交流平台，是氢能科技创新成果转化的技术应用平台，是高素质人才的聚集地和科技创新人才培养平台，为股份公司氢能业务高质量发展提供技术支撑。氢能研究院设置专家委员会和“一部四中心”，“一部”即氢能开发事业部，“四中心”分别为氢制备技术中心、氢化工技术中心、氢储运技术中心、氢应用技术中心。大力实施创新驱动，形成了一系列独立自主知识产权、技术标准、科技奖项、工程奖项、高端科技创新人才等核心资产，加速将氢能产业打造成为引领中国能建新能源产业再升级、推动“再造一个高质量发展新能建”的新引擎。

7.1.2 全面开展氢能全产业链布局

氢能公司积极探索并研发涉及氢能全产业链的商业模式（见图 7–2），涵盖氢气制备、储存、运输、加注、燃料电池到终端应用的庞大产业链。其中：上游大规模、高效、低成本制备储运氢是关键，中游氢储运是整个产业链卡脖子环节，下游燃料电池是整个产业链的核心技术和制高点，同时，氢应用涉及氢燃料电池车、氢动力船舶、氢能发电、氢能冶金、建筑供热等多个领域。中国能建将自主攻关与联合开发相结合，攻克了系列上中下游核心关键技术，形成了成熟可靠的制氢、储运氢、用氢的协同技术创新、全面发力的良好局面。

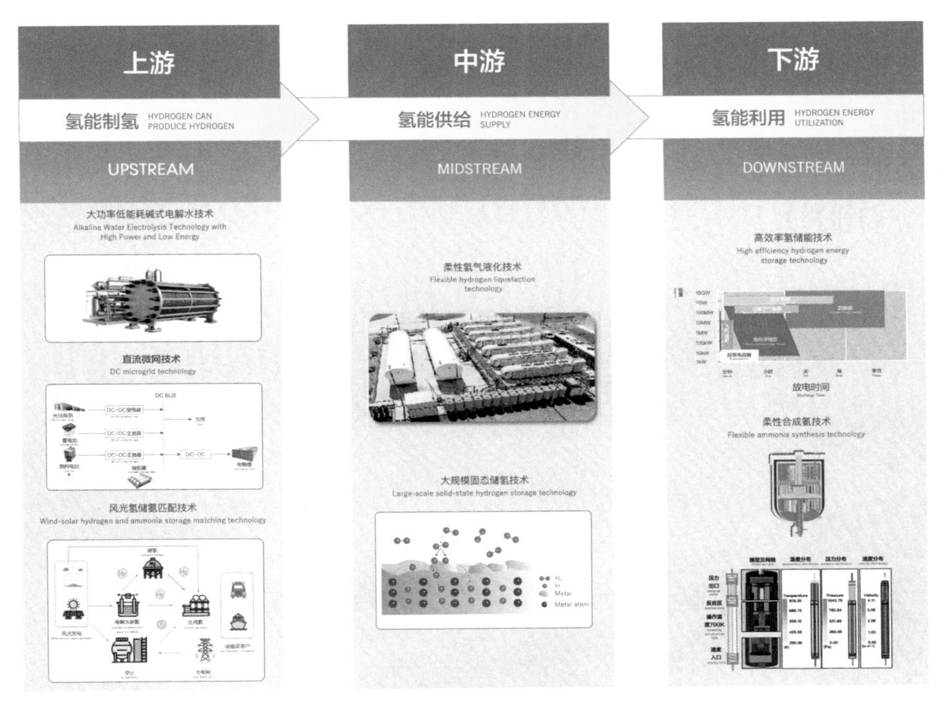

图 7–2　氢能全产业链商业模式

7.2　推进重点项目，提供氢能区域发展的能建方案

氢能公司储备“绿氢 +”项目 50 余个，开工建设大型绿色氢（氨醇）项目 3 个，到 2025 年预计建成 5 万 t/a 的绿氢生产线，氢能已成为集团核心产业。成功入选国家发展改革委绿色低碳先进技术示范工

程首批示范项目清单，获批中能建松原氢能产业园（绿色氢氨醇一体化）项目。

7.2.1 中能建松原氢能产业园（绿色氢氨醇一体化）项目

项目规划总投资296亿元，项目规划年产绿氢11万t、绿氨/醇60万t，配套建设电解槽装备制造生产线、综合加能站，采用风光氢氨醇一体化匹配技术、多稳态柔性合成氨技术、CO_2+H_2制绿色甲醇技术、零碳排放集中供热技术等多项全球领先技术，做到了“荷随源动”，实现了新能源电力与化工深度融合发展，推动了可再生能源就地消纳和高附加值转化，构建了清洁低碳安全高效的能源体系。项目规划见图7–3。

图7–3 中能建松原氢能产业园（绿色氢氨醇一体化）项目规划

项目建成后，将成为吉林省首批“氢动吉林”大型氢基化工类项目，是中国能建聚焦“30·60”系统解决方案“一个中心”和氢能、储能“两个支撑点”，也是提出具有中国能建特色的能源融合发展系统解决方案的又一重大成果。

7.2.2　中能建兰州新区氢能产业园制储加用氢及配套光伏项目

项目是由氢能公司联合能建集团内部企业共同投资建设的新能源发电、制氢及氢能综合利用一体化项目，包含氢能产业园、绿电制氢、综合加能站和配套光伏项目。氢能公司为兰州新区加快构建氢能现代产业体系、完善氢能全产业链、打造氢能产业集群、创新氢能研究平台，提供一体化的产业链、一体化的解决方案、一体化的高效服务，全力推动氢能产业成长为新区经济发展新的增长极，全面助力兰州打造氢能应用综合示范城市。项目规划见图 7–4。

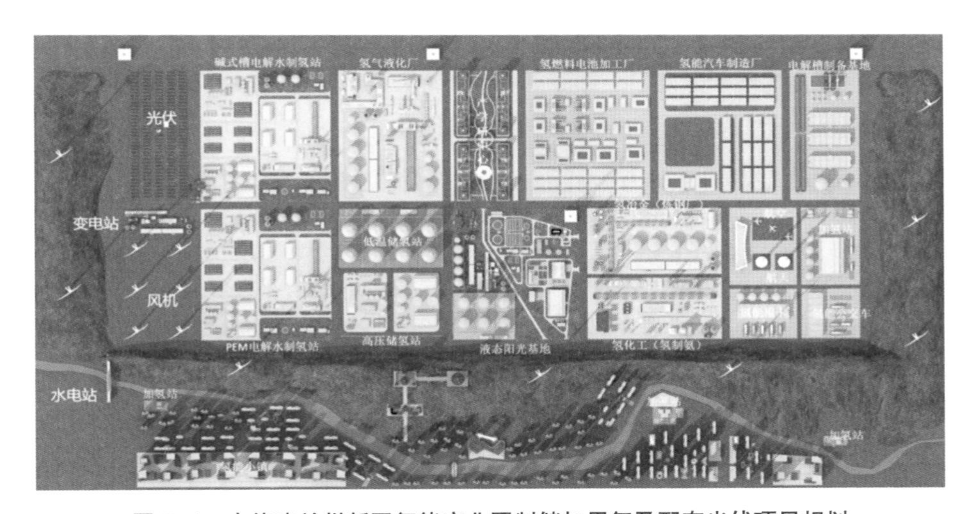

图 7–4　中能建兰州新区氢能产业园制储加用氢及配套光伏项目规划

氢能产业园：园区总规划面积 4250 亩，打造集制储运氢、加氢、氢燃料电池研发生产、氢燃料电池汽车制造、氢能产品示范应用“五位一体”的氢能产业链。项目一期规划面积约 1000 亩，建设氢能研发创新中心、检测中心和人才培训中心；建设以年产 3000 套氢燃料电池系统为核心的氢能装备制造中心，同时覆盖氢燃料电池配套零部件生产制造，以及氢能源汽车、船舶及电源等多领域、多场景氢能应用装备的研发与生产制造。

制氢制氨：近期建设年产 500t 的电解水制氢项目，占地约 14 亩；中期建设年产 2 万 t 绿氢、6 万 t 绿氨的项目，预留占地 260 亩；远期氢能应用分为管道输氢直接至精细化工园部分和氢能应用部分等。

配套新能源发电项目：1000 MW 光伏和风力发电项目位于甘肃省兰州市周边，一期 100 MW 光伏发电项目位于皋兰县，采用分块发电、集中并网方案，配套建设电化学储能系统。

7.2.3 中能建石家庄鹿泉区氢能产业四网融合示范项目

项目位于河北省石家庄市鹿泉区，主要建设光伏发电 + 电解水制氢项目，投资兴建年产 1.15 万 t 电解水制氢项目，并配套建设 3 座综合加能站以及风电、光伏等新能源发电项目，推动及参与河北省氢能研究院的组建与运营，并为氢燃料电池汽车的推广贡献力量。项目分三期建设，总投资约 31.78 亿元。项目规划见图 7–5。

图 7–5 中能建石家庄鹿泉区氢能产业四网融合示范项目规划

项目建设内容涉及综合加能站、纯氢管道建设以及氢锅炉供热模式，是氢能公司践行“30·60”战略目标，贯彻交能融合、建能融合、数能融合、产能融合“四大融合”不断升级，促进“七网”深度融合的又一重大举措，将形成新能源制氢和纯氢管道输氢至用户端的产供销一体模式。

7.2.4　中能建内蒙古赤峰市绿色风光氢氨一体化项目

项目位于内蒙古自治区赤峰市元宝山区、敖汉旗境内，规划于 2025 年前打造大型风光氢氨基地。项目分三期建设，一期（本期）项目建设年产 2.2 万 t 绿氢、年产 12 万 t 绿氨，配套建设 500 MW 新能源项目。项目二期建设年产 4.4 万 t 绿氢、年产 20 万 t 绿氨，配套建设 1000 MW 新能源项目。项目三期建设年产 4.4 万 t 绿氢、15 万 t 绿氨，配套建设 1000 MW 新能源项目及 2 座综合加能站项目。项目规划见图 7–6。

图 7–6　中能建内蒙古赤峰市绿色风光氢氨一体化项目规划

采用全球领先的柔性合成氨方案。中国能建集团全力引进国际先进的柔性合成氨技术，将该项目建设成为赤峰市首个 10 万 t 级柔性合成氨工程，真正实现“荷随源动”。项目将在实现完全离网制氢、拓宽新能源电力消纳空间、不增加系统调峰负担等方面奠定坚实的实践基础。

采用拥有独立知识产权的风光氢氨匹配技术。为进一步促进风光氢氨技术进步，减少对电力系统的依赖，助力内蒙古自治区氢能产业发展，中国能建集团研发了功能强大、拥有独立知识产权的风光氢氨匹配技术，通过优化电源配置、负荷特性实现“源—网—荷—储”的高度匹配。本项目还配置包含“高精度风光出力预测”功能在内的“源—网—荷—储”智慧一体化调度平台，实现风光功率精准预测，并按照出力曲线实时调整化工装置负荷，确保新能源装机发电量高效利用。

7.3 科技创新赋能，打造氢能产业创新技术的策源地

7.3.1 综合科研体系

中国能建是能源科技研究应用的高端智库，形成了完备的“1+6+6+22”创新体系（院士工作站，国际能源署中国办公室等六大国际平台，燃料电池发电技术创新平台等六大国内平台，氢能、综合能源、智能电网等22个技术中心），先后荣获18项国家科技进步奖、56项省部级及以上科技创新奖；承担了“基于燃料电池特殊环境下应急电源系统研究与应用示范”等多项国家重点研发计划；可再生能源制氢、储氢、综合能源站、燃料电池分布式电站等技术创新已成为核心竞争力。

氢能公司依托国家氢能发展政策和中国能建科创强力支撑、瞄准国际科技前沿和国家重大战略需求，坚持以中国能建《若干意见》精神为根本遵循，以“1466”战略为发展引领，将在重点地区、重点领域、重点城市及氢能公司项目所在地，联合当地具有本土资源禀赋的优势企业和科研院所、高校等全面布局氢能研究院，建设国际一流水

平且可持续领先的氢能产业创新技术的策源地和关键技术的主阵地。

氢能研究院将依托国家氢能技术研发和产业发展，充分借助中国能建产业链技术、人才、资源基础雄厚、氢能公司一体化氢能布局优势，围绕氢能相关高新技术，如绿电柔性制氢、柔性合成氨、绿色甲醇、绿色航煤、氨分解制氢、碱式及 PEM 电解水制氢、氢燃料电池、安全储运技术等，在制氢、储氢、运氢及氢能安全等方面开展技术攻关，打造一支致力于氢能领域前沿科技和关键技术研究的国内知名氢能研究团队，构建全国氢能技术创新的高地，服务中国能建氢能发展战略落地，支撑氢能公司加快建设一流企业。

7.3.2 主要科研成果

氢能公司已牵头开展了国家能源局“可再生能源制氢发展现状和路径研究”和中国能建集团“氢能关键技术和核心设备研究”“大型全离网型绿氢制备和储运关键技术研究”等多项重大科技攻关项目，攻克了分布式氢液化装置的工艺流程和核心装备技术，申报国家级重点科技项目 10 余项、专利 22 项，参与编写国家标准、行业标准、团体标准等 10 余项。

7.3.2.1 可再生能源制氢发展现状和路径研究

2024 年 1 月，氢能公司受国家能源局委托，全力攻克可再生能源制氢发展现状和路径研究，同年 7 月成功结题。在产业、投资、能源结构分析、绿色能源产品认证等方面开展综合研究，梳理形成了新型能源结构下的制氢产业链和关键技术发展路径。

7.3.2.2 氢能关键技术和核心设备研究

2022 年 1 月，氢能公司牵头承担能建“揭榜挂帅”项目“氢能关键技术和核心设备研究”，充分发挥松原、兰州等大型氢氨一体化项目的科技创新作用，高质量推进氢能“揭榜挂帅”重大科技专项项目实施，形成可再生能源氢制备的核心技术竞争力。

7.3.2.3 大型全离网型绿氢制备和储运关键技术研究

2022 年 1 月氢能公司参与能建“揭榜挂帅”项目“大型全离网型绿氢制备和储运关键技术研究”，形成能建全离网型绿氢制备、氢制备降本增效、氢储运安全高效、氢应用规模放大等技术核心竞争力。

7.3.2.4 分布式氢液化装置的工艺流程和核心装备技术

通过系统动态仿真的研究方法，搭建液化系统模型，形成了控制方案，研制了分布式液氢系统装置和 500 kg/d 的液氢生产样机，并通过了试验报告。

7.4 成就氢链百业，携手氢能伙伴合作共赢

本着“生态优先、绿色发展、优势互补、合作共赢”的原则，氢能公司积极与各方力量在新能源项目建设、氢能领域项目建设等方面展开深度合作，实现共赢。

2023 年 4 月 21 日，氢能公司党委书记、董事长李京光在京与韩国 SKE&S（中国）总裁全英濬座谈，就开展氢能领域全方位务实高效合作进行深入交流，并见证双方签署战略合作协议（见图 7-7）。

图 7-7 氢能公司与韩国 SKE&S（中国）签署战略合作协议

2023 年 4 月 26 日，氢能公司党委书记、董事长李京光在山东省临沂市拜会临沂市委常委、组织部部长赵纪钢，并与临沂投资发展集团有限公司签署战略合作协议（见图 7–8）。

图 7–8　氢能公司与临沂投资发展集团有限公司签署战略合作协议

2023 年 5 月 12 日，在公司党委委员、副总经理刘成良和鹿泉区委副书记、区长李争的见证下，氢能公司与鹿泉区人民政府就中能建石家庄鹿泉区光伏制氢及氢能配套产业项目签署投资开发协议，签约仪式取得圆满成功（见图 7–9）。

图 7–9　氢能公司与石家庄市鹿泉区人民政府签署合作协议

2023 年 6 月，氢能公司党委书记、董事长李京光在新疆乌鲁木齐拜访国家管网集团西部管道有限责任公司党委书记、执行董事赵赏鑫，就开展氢能领域全方位务实高效合作进行深入交流，并见证双方签署战略合作协议（见图 7–10）。

图 7–10 氢能公司与国家管网西部管道公司签署战略合作协议

2023 年 9 月 1 日，氢能公司党委书记、董事长李京光与福大紫金氢能科技股份有限公司总经理张卿进行会谈，双方就氢氨融合发展和战略合作进行深入交流，达成广泛共识（见图 7–11）。

图 7–11 氢能公司与合作伙伴就氢氨融合发展研讨交流

2023 年 10 月，氢能公司党委书记、董事长李京光与国家管网集团北京管道有限公司党委书记、董事长唐善华在京进行会谈，双方就氢能源产业及新能源项目的合作展开深入探讨，并达成广泛共识（见图 7–12）。

图 7–12　氢能公司与国家管网集团北京管道有限公司在京会谈

2024 年 2 月，氢能公司董事长李京光与北京大学化学与分子工程学院党委书记裴坚和佛山清德氢能总经理谢镭在北京开展技术合作交流，三方就安全低成本储氢关键技术开发进行深入交流，并见证合作签约（见图 7–13）。

图 7–13　氢能公司与北京大学化学与分子工程学院等举行签约仪式

2024 年 4 月，氢能公司与海德威科技集团（青岛）有限公司在京签署战略合作协议。双方将充分发挥自身优势，在氢能储运、氢能利用和氢能装备制造等领域开展合作，共同推动氢能产业链的跨越式发展（见图 7-14）。

图 7-14　氢能公司与海德威科技集团（青岛）有限公司在京签署战略合作协议

2024 年 6 月，氢能公司党委书记、董事长李京光与赛鼎工程有限公司党委书记、董事长周恩利在太原签署战略合作协议。双方将就绿色甲醇、绿色航煤等关键技术开展合作（见图 7-15）。

图 7-15　氢能公司与赛鼎工程有限公司在太原签署战略合作协议

2024 年 8 月，氢能公司党委书记、董事长李京光与呼图壁县委副书记、县长李晓亮开展会谈，并就中能建新疆昌吉绿色航煤产业园项目签署了投资开发协议（见图 7–16）。

图 7–16　氢能公司与呼图壁县人民政府签署投资开发协议

2024 年 8 月，氢能公司所属企业能建绿色氢氨新能源（松原）有限公司与北京大学分子工程苏南研究院共建的氢能技术联合研发中心揭牌仪式在吉林松原举行（见图 7–17）。

图 7–17　氢能公司与北京大学分子工程苏南研究院共建的氢能技术联合研发中心揭牌仪式

2024 年 10 月，氢能公司党委书记、董事长李京光与淄博市高青县委书记刘学圣一行在公司本部进行会谈，双方围绕氢能行业的发展趋势和前景、园区绿色转型的重要发展方向进行深入交流，并达成广泛共识（见图 7–18）。

图 7–18　氢能公司与淄博市高青县委书记刘学圣一行会谈

7.5　打造“能建名片”，引领行业智创美好未来

如今，氢能公司已成为中国能建氢能源发展路线和总体方案的设计者、践行者和推动者，成为中国能建贯彻执行国家能源革命战略、支持服务碳达峰碳中和目标的重要力量。

未来，氢能公司将坚持以中国能建“在氢能业务发展上，要走在央企前列，争当行业排头兵”的发展要求为指导，作为公司氢能产业投资主平台，持续开展绿电绿氢耦合系列关键技术攻关，加大全国范围内产业投资布局，培育产—运—销行业生态圈。氢能研究院将坚持把科技创新作为“头号工程”，聚焦一体化氢能“研—投—建—营—数”各环节，系统总结经验，加强科技攻关，形成一批原创性引领性关键核心技术，打造成为氢能产业原创技术策源地、国家氢能产业“能建名片”。

氢能公司战略布局见图 7–19。

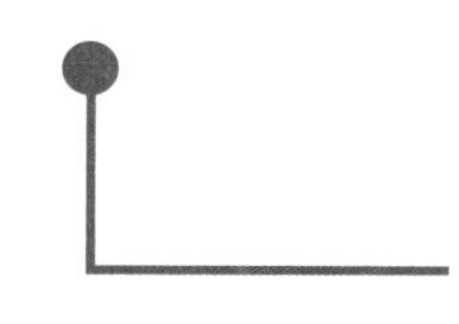

01

一个战略愿景

中国领先、世界一流的氢能产业一体化方案提供商和绿色氢能供应商

A strategic vision

China's leading and world-class provider for the solution to hydrogen energy industry integration and green hydrogen energy supplier

Four first-class

First-class technology, first-class products, first-class operation and first-class supply chain

四个一流

一流的技术、一流的产品、一流的运营、一流的供应链

02

03

四个全面

产业链全面覆盖、生产要素全面融合、管理效能全面提高、发展质量全面提升

Four comprehensiveness

Comprehensive coverage of industrial chain, comprehensive integration of production factors, comprehensive improvement of management efficiency and comprehensive improvement of development quality

Five high-quality products

A series of high-quality integrated projects, a series of sophisticated proprietary technologies, a series of lean fist products, a set of fine management processes and an elite working team processes and an elite working team

五个精品

一系列精品一体化项目、一系列精尖专有技术、一系列精益拳头产品、一整套精细管理流程和一支精英工作团队

04

05

四大战役计划

工程导入计划、科技筑底计划、生态合作计划、资本投资计划

Four major campaign plans

Project introduction plan, science and technology construction plan, ecological cooperation plan and capital investment plan

图 7–19　氢能公司战略布局

附　录

附录 1　我国各省（区、市）可再生能源制氢发展相关政策一览

省（区、市）	发布时间	发布地	政策名称
北京市	2023 年 6 月	北京市	北京市可再生能源替代行动方案（2023—2025 年）
	2022 年 10 月	北京市	北京市碳达峰实施方案
	2022 年 8 月	北京市	北京市关于支持氢能产业发展的若干政策措施
	2022 年 4 月	北京市	北京市“十四五”时期能源发展规划
天津市	2022 年 9 月	天津市	天津市碳达峰实施方案
上海市	2023 年 10 月	上海市	上海市进一步推进新型基础设施建设行动方案（2023—2026 年）
	2022 年 10 月	上海市	上海市科技支撑碳达峰碳中和的实施方案
	2022 年 8 月	上海市	关于支持中国（上海）自由贸易试验区临港新片区氢能产业高质量发展的若干政策
	2022 年 7 月	上海市	上海市碳达峰实施方案
	2022 年 7 月	上海市	上海市瞄准新赛道促进绿色低碳产业发展行动方案（2022—2025 年）
	2022 年 6 月	上海市	上海市氢能产业发展中长期规划（2022—2035 年）
河北省	2023 年 7 月	河北省	河北省氢能产业安全管理办法（试行）
	2023 年 4 月	河北省	加快河北省战略性新兴产业融合集群发展行动方案（2023—2027 年）
	2021 年 11 月	河北省	河北省建设全国产业转型升级试验区“十四五”规划
	2023 年 7 月	定州市	定州市氢能产业发展三年行动方案（2023—2025 年）
	2022 年 8 月	石家庄	石家庄市氢能产业发展“十四五”规划
	2022 年 7 月	张家口市	张家口市支持建设燃料电池汽车示范城市的若干措施
	2022 年 6 月	唐山市	唐山市氢能产业发展实施方案
	2021 年 12 月	保定市	保定市氢能产业发展“十四五”规划
山西省	2023 年 4 月	山西省	山西省氢能产业链 2023 年行动方案
	2022 年 8 月	山西省	山西省推进氢能产业发展工作方案
	2022 年 8 月	山西省	山西省氢能产业发展中长期规划（2022—2035 年）
	2022 年 2 月	山西省	山西省未来产业培育工程行动方案
	2021 年 5 月	山西省	山西省“十四五”未来产业发展规划
	2022 年 6 月	吕梁市	吕梁市氢能产业中长期发展规划（2022—2035）

续表

省（区、市）	发布时间	发布地	政策名称
辽宁省	2023 年 9 月	辽宁省	辽宁省巩固增势推动经济持续回升向好若干政策举措
	2022 年 8 月	辽宁省	辽宁省氢能产业发展规划（2021—2025 年）
	2023 年 11 月	大连市	大连市氢能产业发展专项资金管理办法（2023—2025）（征求意见稿）
吉林省	2023 年 12 月	吉林省	关于印发抢先布局氢能产业、新型储能产业新赛道实施方案的通知
	2023 年 11 月	吉林省	吉林省氢能产业安全管理办法（试行）
	2022 年 12 月	吉林省	支持氢能产业发展若干政策措施（试行）
	2022 年 12 月	吉林省	“氢动吉林”行动实施方案
	2022 年 10 月	吉林省	“氢动吉林”中长期发展规划（2021—2035 年）
	2022 年 8 月	吉林省	吉林省能源发展“十四五”规划
	2022 年 8 月	吉林省	吉林省碳达峰实施方案
江苏省	2024 年 5 月	江苏省	江苏省氢能产业发展中长期规划（2024—2035 年）
	2024 年 5 月	扬州市	扬州市氢能产业发展中长期规划（2023—2025 年）
	2023 年 12 月	连云港市	连云港市氢能产业发展规划（2023—2035 年）
	2023 年 5 月	无锡市	无锡市氢能和储能产业发展三年行动计划（2023—2025）
	2022 年 11 月	南通市	南通市氢能与燃料电池汽车产业发展指导意见（2022—2025 年）
	2021 年 10 月	张家港市	张家港市“十四五”氢能产业发展规划
浙江省	2023 年 8 月	浙江省	浙江省加氢站发展规划
	2022 年 5 月	浙江省	浙江省能源发展“十四五”规划
	2023 年 8 月	湖州市	湖州市氢能产业发展规划（2023—2035 年）
	2023 年 7 月	杭州市	关于加快推进绿色能源产业高质量发展的实施意见
	2022 年 1 月	嘉兴市	嘉兴市推动氢能产业发展财政补助实施细则
安徽省	2024 年 1 月	安徽省	安徽省氢能产业高质量发展三年行动计划
	2022 年 11 月	安徽省	安徽省氢能产业发展中长期规划
	2022 年 6 月	阜阳市	阜阳市氢能源产业发展规划（2021—2035 年）（征求意见稿）

续表

省（区、市）	发布时间	发布地	政策名称
福建省	2022 年 12 月	福建省	福建省氢能产业发展行动计划（2022—2025 年）
	2022 年 6 月	福建省	福建省“十四五”能源发展专项规划
	2022 年 4 月	福建省	福建省新能源汽车产业发展规划（2022—2025 年）
江西省	2023 年 1 月	江西省	江西省氢能产业发展中长期规划（2023—2035 年）
	2024 年 4 月	九江市	九江市支持氢能产业发展的若干政策措施（试行）
山东省	2023 年 6 月	山东省	山东省科技支撑碳达峰工作方案
	2023 年 2 月	山东省	2023 年全省能源工作指导意见
	2022 年 7 月	山东省	山东省氢能产业发展工程行动方案
	2022 年 5 月	山东省	2022 年“稳中求进”高质量发展政策清单（第二批）的通知
	2023 年 10 月	烟台市	烟台市氢能产业中长期发展规划（2022—2030 年）
	2023 年 3 月	东营市	东营市氢能产业发展规划（2022—2025 年）
	2022 年 8 月	淄博市	淄博市氢能产业发展中长期规划（2022—2030 年）
	2022 年 5 月	济宁市	济宁市能源发展“十四五”规划
	2022 年 5 月	临沂市	临沂市能源发展“十四五”规划
河南省	2023 年 4 月	河南省	河南省新能源和可再生能源发展“十四五”规划
	2023 年 2 月	河南省	河南省碳达峰实施方案
	2022 年 9 月	河南省	河南省氢能产业发展中长期规划（2022—2035 年） 郑汴洛濮氢走廊规划建设工作方案
	2022 年 2 月	河南省	河南省“十四五”现代能源体系和碳达峰碳中和规划
	2024 年 4 月	郑州市	郑州市氢能产业发展中长期规划（2024—2035 年）
	2023 年 2 月	濮阳市	濮阳市氢能产业发展规划（2022—2025 年）
	2023 年 2 月	洛阳市	洛阳市开展燃料电池汽车示范应用行动方案（2022—2025 年）

续表

省（区、市）	发布时间	发布地	政策名称
河南省	2023 年 2 月	开封市	开封市燃料电池汽车示范应用行动方案（2022—2025 年）
	2023 年 1 月	新乡市	新乡市氢能产业发展中长期规划（2022—2035 年）
	2022 年 12 月	新乡市	新乡市“十四五”现代能源体系和碳达峰碳中和规划
	2022 年 8 月	濮阳市	濮阳市促进氢能产业发展扶持办法的通知
湖北省	2022 年 11 月	湖北省	关于支持氢能产业发展的若干措施
	2023 年 11 月	襄阳市	襄阳市氢能产业发展规划（2023—2035 年）
	2023 年 4 月	宜昌市	宜昌市氢能产业发展规划（2023—2035 年）
	2022 年 9 月	武汉市	武汉市支持氢能产业发展财政资金管理办法
	2022 年 7 月	武汉市	关于支持氢能产业发展意见的实施细则（征求意见稿）
	2022 年 3 月	武汉市	武汉市支持氢能产业发展的意见
湖南省	2022 年 11 月	湖南省	湖南省氢能产业发展规划
	2023 年 1 月	长沙市	长沙市氢能产业发展行动方案（2023—2025 年）
广东省	2023 年 11 月	广东省	广东省加快氢能产业创新发展意见的通知
	2023 年 7 月	广东省	广东省燃料电池汽车加氢站建设管理暂行办法
	2023 年 3 月	广东省	广东省推动新型储能产业高质量发展的指导意见
	2023 年 2 月	广东省	广东省碳达峰实施方案
	2022 年 8 月	广东省	广东省加快建设燃料电池汽车示范城市群行动计划（2022—2025 年）
	2024 年 5 月	广州市	关于加快推动氢能产业高质量发展的若干措施
	2024 年 5 月	深圳市	深圳市氢能产业创新发展行动计划（2024—2025 年）
	2023 年 12 月	中山市	中山市推动氢能产业高质量发展行动方案（2024—2026 年）

续表

省（区、市）	发布时间	发布地	政策名称
广东省	2023年12月	东莞市	东莞市氢能产业发展行动计划（2023—2025年）
	2022年12月	东莞市	东莞市新能源产业发展行动计划（2022—2025年）
	2022年10月	深圳市	深圳市关于促进绿色低碳产业高质量发展的若干措施（征求意见稿）
	2022年10月	中山市	中山市氢能产业发展规划（2022—2025年）
	2022年9月	广州市	广州市氢能基础设施发展规划（2021—2030年）
	2022年7月	珠海市	珠海市氢能产业发展规划（2022—2035年）
四川省	2024年4月	四川省	进一步推动氢能全产业链发展及推广应用行动方案（2024—2027年）（征求意见稿）
	2024年3月	四川省	支持新能源与智能网联汽车产业高质量发展若干政策措施
	2023年1月	四川省	四川省能源领域碳达峰实施方案
	2022年11月	四川省	关于推进四川省氢能及燃料电池汽车产业高质量发展的指导意见（征求意见稿）
	2022年3月	四川省	关于完整准确全面贯彻新发展理念　做好碳达峰碳中和工作的实施意见
	2024年1月	成都市	成都市优化能源结构促进城市绿色低碳发展政策措施实施细则（试行）
	2022年11月	攀枝花市	攀枝花市氢能产业示范城市发展规划（2021—2030年）
	2022年6月	成都市	成都市优化能源结构促进城市绿色低碳发展行动方案
	2022年5月	攀枝花市	关于支持氢能产业高质量发展的若干政策措施（征求意见稿）
贵州省	2022年7月	贵州省	贵州省“十四五”氢能产业发展规划
	2023年2月	盘州市	盘州市氢能产业发展规划（2022—2030年）
陕西省	2022年8月	陕西省	陕西省“十四五”氢能产业发展规划 陕西省氢能产业发展三年行动方案（2022—2024年） 陕西省促进氢能产业发展的若干政策措施

续表

省（区、市）	发布时间	发布地	政策名称
甘肃省	2023 年 1 月	甘肃省	关于氢能产业发展的指导意见
甘肃省	2023 年 10 月	张掖市	关于征求《关于促进氢能产业高质量发展的若干措施（暂行）》意见建议的公告
甘肃省	2023 年 5 月	平凉市	关于加快推进氢能产业发展的实施意见
甘肃省	2022 年 6 月	酒泉市	酒泉市氢能产业发展实施方案（2022—2025 年）
青海省	2023 年 6 月	青海省	青海省工业领域碳达峰实施方案
青海省	2023 年 1 月	青海省	青海省氢能产业发展中长期规划（2022—2035 年）
青海省	2023 年 1 月	青海省	青海省氢能产业发展三年行动方案（2022—2025 年）
青海省	2023 年 1 月	青海省	青海省促进氢能产业发展的若干政策措施
海南省	2024 年 1 月	海南省	海南省氢能产业发展中长期规划（2023—2035 年）
海南省	2022 年 8 月	海南省	海南省碳达峰实施方案
海南省	2024 年 1 月	海口市	海口市氢能产业发展规划（2023—2035 年）（征求意见稿）
内蒙古自治区	2024 年 4 月	内蒙古自治区	内蒙古自治区可再生能源制氢产业安全管理办法（试行）
内蒙古自治区	2024 年 2 月	内蒙古自治区	关于加快推进氢能产业发展的通知
内蒙古自治区	2023 年 11 月	内蒙古自治区	内蒙古自治区新能源倍增行动实施方案
内蒙古自治区	2022 年 3 月	内蒙古自治区	关于促进氢能产业高质量发展的意见
内蒙古自治区	2022 年 2 月	内蒙古自治区	内蒙古自治区“十四五”氢能发展规划
内蒙古自治区	2023 年 8 月	鄂尔多斯市	支持氢能产业发展若干措施的通知
内蒙古自治区	2023 年 5 月	包头市	包头市氢能产业发展规划（2023—2030 年）
内蒙古自治区	2022 年 6 月	鄂尔多斯市	鄂尔多斯市氢能产业发展规划
内蒙古自治区	2022 年 6 月	伊金霍洛旗	伊金霍洛旗支持绿色低碳产业发展若干政策
广西壮族自治区	2023 年 9 月	广西壮族自治区	广西氢能产业发展中长期规划（2023—2035 年）
广西壮族自治区	2022 年 6 月	广西壮族自治区	广西可再生能源发展“十四五”规划

续表

省（区、市）	发布时间	发布地	政策名称
宁夏回族自治区	2022 年 11 月	宁夏回族自治区	宁夏回族自治区氢能产业发展规划
	2024 年 1 月	宁东管委会	宁东基地促进氢能产业高质量发展的若干措施（2024 年修订版）（意见征求稿）
新疆维吾尔自治区	2024 年 3 月	新疆维吾尔自治区	关于进一步发挥风光资源优势促进特色产业高质量发展政策措施的通知
	2023 年 4 月	新疆维吾尔自治区	关于公开征求《自治区氢能产业发展三年行动方案（2023—2025 年）》意见的公告
	2023 年 10 月	克拉玛依市	关于克拉玛依市支持氢能产业发展的有关扶持政策
	2023 年 7 月	克拉玛依市	克拉玛依市氢能产业发展行动计划（2023—2025 年）

附录 2 我国氢能产业发展相关政策文件选录

氢能产业发展中长期规划（2021—2035 年）

氢能是一种来源丰富、绿色低碳、应用广泛的二次能源，正逐步成为全球能源转型发展的重要载体之一。为助力实现碳达峰、碳中和目标，深入推进能源生产和消费革命，构建清洁低碳、安全高效的能源体系，促进氢能产业高质量发展，根据《中华人民共和国 国民经济和社会发展第十四个五年规划和 2035 年远景目标纲要》，编制本规划。规划期限为 2021—2035 年。

一、现状与形势

当今世界正经历百年未有之大变局，新一轮科技革命和产业变革同我国经济高质量发展要求形成历史性交汇。以燃料电池为代表的氢能开发利用技术取得重大突破，为实现零排放的能源利用提供重要解决方案，需要牢牢把握全球能源变革发展大势和机遇，加快培育发展氢能产业，加速推进我国能源清洁低碳转型。

从国际看，全球主要发达国家高度重视氢能产业发展，氢能已成为加快能源转型升级、培育经济新增长点的重要战略选择。全球氢能全产业链关键核心技术趋于成熟，燃料电池出货量快速增长、成本持续下降，氢能基础设施建设明显提速，区域性氢能供应网络正在形成。

从国内看，我国是世界上最大的制氢国，年制氢产量约 3300 万吨，其中，达到工业氢气质量标准的约 1200 万吨。可再生能源装机量全球第一，在清洁低碳的氢能供给上具有巨大潜力。国内氢能产业呈现积极发展态势，已初步掌握氢能制备、储运、加氢、燃料电池和系统集成等主要技术和生产工艺，在部分区域实现燃料电池汽车小规模示范应用。全产业链规模以上工业企业超过 300 家，集中分布在长三角、粤港澳大湾区、京津冀等区域。

但总体看，我国氢能产业仍处于发展初期，相较于国际先进水平，仍存在产业创新能力不强、技术装备水平不高，支撑产业发展的基础性制度滞后，产业发展形态和发展路径尚需进一步探索等问题和挑战。同时，一些地方盲目跟风、同质化竞争、低水平建设的苗头有所显现。面对新形势、新机遇、新挑战，亟需加强顶层设计和统筹谋划，进一步提升氢能产业创新能力，不断拓展市场应用新空间，引导产业健康有序发展。

二、战略定位

氢能是未来国家能源体系的重要组成部分。充分发挥氢能作为可再生能源规模化高效利用的重要载体作用及其大规模、长周期储能优势，促进异质能源跨地域和跨季节优化配置，推动氢能、电能和热能系统融合，促进形成多元互补融合的现代能源供应体系。

氢能是用能终端实现绿色低碳转型的重要载体。以绿色低碳为方针，加强氢能的绿色供应，营造形式多样的氢能消费生态，提升我国能源安全水平。发挥氢能对碳达峰、碳中和目标的支撑作用，深挖跨界应用潜力，因地制宜引导多元应用，推动交通、工业等用能终端的能源消费转型和高耗能、高排放行业绿色发展，减少温室气体排放。

氢能产业是战略性新兴产业和未来产业重点发展方向。以科技自立自强为引领，紧扣全球新一轮科技革命和产业变革发展趋势，加强氢能产业创新体系建设，加快突破氢能核心技术和关键材料瓶颈，加速产业升级壮大，实现产业链良性循环和创新发展。践行创新驱动，促进氢能技术装备取得突破，加快培育新产品、新业态、新模式，构建绿色低碳产业体系，打造产业转型升级的新增长点，为经济高质量发展注入新动能。

三、总体要求

（一）指导思想

以习近平新时代中国特色社会主义思想为指导，全面贯彻落实党的十九大和十九届历次全会精神，弘扬伟大建党精神，立足新发展阶段，完整准确全面贯彻新发展理念，构建新发展格局，以推动高质量发展为主题，以深化供给侧结构性改革为主线，紧扣实现碳达峰、碳中和目标，贯彻“四个革命、一个合作”能源安全新战略，着眼抢占未来产业发展先机，统筹氢能产业布局，提升创新能力，完善管理体系，规范有序发展，提高氢能在能源消费结构中的比重，为构建清洁低碳、安全高效的能源体系提供有力支撑。

（二）基本原则

创新引领，自立自强。坚持创新驱动发展，加快氢能创新体系建设，以需求为导向，带动产品创新、应用创新和商业模式创新。集中突破氢能产业技术瓶颈，建立健全产业技术装备体系，增强产业链供应链稳定性和竞争力。充分利用全球创新资源，积极参与全球氢能技术和产业创新合作。

安全为先，清洁低碳。把安全作为氢能产业发展的内在要求，建立健全氢能安全监管制度和标准规范，强化对氢能制、储、输、加、用等全产业链重大安全风险的预防和管控，提升全过程安全管理水平，确保氢能利用安全可控。构建清洁化、低碳化、低成本的多元制氢体系，重点发展可再生能源制氢，严格控制化石能源制氢。

市场主导，政府引导。发挥市场在资源配置中的决定性作用，突出企业主体地位，加强产学研用深度融合，着力提高氢能技术经济性，积极探索氢能利用的商业化路径。更好发挥政府作用，完善产业发展基础性制度体系，强化全国一盘棋，科学优化产业布局，引导产业规范发展。

稳慎应用，示范先行。积极发挥规划引导和政策激励作用，统筹考虑氢能供应能力、产业基础和市场空间，与技术创新水平相适应，有序开展氢能技术创新与产业应用示范，避免一些地方盲目布局、一拥而上。坚持点线结合、以点带面，因地制宜拓展氢能应用场景，稳慎推动氢能在交通、储能、发电、工业等领域的多元应用。

（三）发展目标

到 2025 年，形成较为完善的氢能产业发展制度政策环境，产业创新能力显著提高，基本掌握核心技术和制造工艺，初步建立较为完整的供应链和产业体系。氢能示范应用取得明显成效，清洁能源制氢及氢能储运技术取得较大进展，市场竞争力大幅提升，初步建立以工业副产氢和可再生能源制氢就近利用为主的氢能供应体系。燃料电池车辆保有量约 5 万辆，部署建设一批加氢站。可再生能源制氢量达到 10–20 万吨 / 年，成为新增氢能消费的重要组成部分，实现二氧化碳减排 100–200 万吨 / 年。

再经过 5 年的发展，到 2030 年，形成较为完备的氢能产业技术创新体系、清洁能源制氢及供应体系，产业布局合理有序，可再生能源制氢广泛应用，有力支撑碳达峰目标实现。

到 2035 年，形成氢能产业体系，构建涵盖交通、储能、工业等领域的多元氢能应用生态。可再生能源制氢在终端能源消费中的比重明显提升，对能源绿色转型发展起到重要支撑作用。

四、系统构建支撑氢能产业高质量发展创新体系

围绕氢能高质量发展重大需求，准确把握氢能产业创新发展方向，聚焦短板弱项，适度超前部署一批氢能项目，持续加强基础研究、关键技术和颠覆性技术创新，建立完善更加协同高效的创新体系，不断提升氢能产业竞争力和创新力。

（一）持续提升关键核心技术水平

加快推进质子交换膜燃料电池技术创新，开发关键材料，提高主要性能指标和批量化生产能力，持续提升燃料电池可靠性、稳定性、耐久性。支持新型燃料电池等技术发展。着力推进核心零部件以及关键装备研发制造。加快提高可再生能源制氢转化效率和单台装置制氢规模，突破氢能基础设施环节关键核心技术。开发临氢设备关键影响因素监测与测试技术，加大制、储、输、用氢全链条安全技术开发应用。

持续推进绿色低碳氢能制取、储存、运输和应用等各环节关键核心技术研发。持续开展光解水制氢、氢脆失效、低温吸附、泄漏 / 扩散 / 燃爆等氢能科学机理，以及氢能安全基础规律研究。持续推动氢能先进技术、关键设备、重大产品示范应用和产业化发展，构建氢能产业高质量发展技术体系。

（二）着力打造产业创新支撑平台

聚焦氢能重点领域和关键环节，构建多层次、多元化创新平台，加快集聚人才、技术、资金等创新要素。支持高校、科研院所、企业加快建设重点实验室、前沿交叉研究平台，开展氢能应用基础研究和前沿技术研究。依托龙头企业整合行业优质创新资源，布局产业创新中心、工程研究中心、技术创新中心、制造业创新中心等创新平台，构建高效协作创新网络，支撑行业关键技术开发和工程化应用。鼓励行业优势企业、服务机构，牵头搭建氢能产业知识产权运营中心、氢能产品检验检测及认证综合服务、废弃氢能产品回收处理、氢能安全战略联盟等支撑平台，结合专利导航等工作服务行业创新发展。支持“专精特新”中小企业参与氢能产业关键共性技术研发，培育一批自主创新能力强的单项冠军企业，促进大中小企业协同创新融通发展。

（三）推动建设氢能专业人才队伍

以氢能技术创新需求为导向，支持引进和培育高端人才，提升氢能基础前沿技术研发能力。加快培育氢能技术及装备专业人才队伍，夯实氢能产业发展的创新基础。建立健全人才培养培训机制，加快推进氢能相关学科专业建设，壮大氢能创新研发人才群体。鼓励职业院校（含技工院校）开设相关专业，培育高素质技术技能人才及其他从业人员。

（四）积极开展氢能技术创新国际合作

鼓励开展氢能科学和技术国际联合研发，推动氢能全产业链关键核心技术、材料和装备创新合作，积极构建国际氢能创新链、产业链。积极参与国际氢能标准化活动。坚持共商共建共享原则，探索与共建“一带一路”国家开展氢能贸易、基础设施建设、产品开发等合作。加强与氢能技术领先的国家和地区开展项目合作，共同开拓第三方国际市场。

五、统筹推进氢能基础设施建设

统筹全国氢能产业布局，合理把握产业发展进度，避免无序竞争，有序推进氢能基础设施建设，强化氢能基础设施安全管理，加快构建安全、稳定、高效的氢能供应网络。

（一）合理布局制氢设施

结合资源禀赋特点和产业布局，因地制宜选择制氢技术路线，逐步推动构建清洁化、低碳化、低成本的多元制氢体系。在焦化、氯碱、丙烷脱氢等行业集聚地区，优先利用工业副产氢，鼓励就近消纳，降低工业副产氢供给成本。在风光水电资源丰富地区，开展可再生能源制氢示范，逐步扩大示范规模，探索季节性储能和电网调峰。推进固体氧化物电解池制氢、光解水制氢、海水制氢、核能高温制氢等技术研发。探索在氢能应用规模较大的地区设立制氢基地。

（二）稳步构建储运体系

以安全可控为前提，积极推进技术材料工艺创新，支持开展多种储运方式的探索和实践。提高高压气态储运效率，加快降低储运成本，有效提升高压气态储运商业化水平。推动低温液氢储运产业化应用，探索固态、深冷高压、有机液体等储运方式应用。开展掺氢天然气管道、纯氢管道等试点示范。逐步构建高密度、轻量化、低成本、多元化的氢能储运体系。

（三）统筹规划加氢网络

坚持需求导向，统筹布局建设加氢站，有序推进加氢网络体系建设。坚持安全为先，节约集约利用土地资源，支持依法依规利用现有加油加气站的场地设施改扩建加氢站。探索站内制氢、储氢和加氢一体化的加氢站等新模式。

六、稳步推进氢能多元化示范应用

坚持以市场应用为牵引，合理布局、把握节奏，有序推进氢能在交通领域的示范应用，拓展在储能、分布式发电、工业等领域的应用，推动规模化发展，加快探索形成有效的氢能产业发展的商业化路径。

（一）有序推进交通领域示范应用

立足本地氢能供应能力、产业环境和市场空间等基础条件，结合道路运输行业发展特点，重点推进氢燃料电池中重型车辆应用，有序拓展氢燃料电池等新能源客、货汽车市场应用空间，逐步建立燃料电池电动汽车与锂电池纯电动汽车的互补发展模式。积极探索燃料电池在船舶、航空器等领域的应用，推动大型氢能航空器研发，不断提升交通领域氢能应用市场规模。

（二）积极开展储能领域示范应用

发挥氢能调节周期长、储能容量大的优势，开展氢储能在可再生能源消纳、电网调峰等应用场景的示范，探索培育“风光发电＋氢储能”一体化应用新模式，逐步形成抽水蓄能、电化学储能、氢储能等多种储能技术相互融合的电力系统储能体系。探索氢能跨能源网络协同优化潜力，促进电能、热能、燃料等异质能源之间的互联互通。

（三）合理布局发电领域多元应用

根据各地既有能源基础设施条件和经济承受能力，因地制宜布局氢燃料电池分布式热电联供设施，推动在社区、园区、矿区、港口等区域内开展氢能源综合利用示范。依托通信基站、数据中心、铁路通信站点、电网变电站等基础设施工程建设，推动氢燃料电池在备用电源领域的市场应用。在可再生能源基地，探索以燃料电池为基础的发电调峰技术研发与示范。结合偏远地区、海岛等用电需求，开展燃料电池分布式发电示范应用。

（四）逐步探索工业领域替代应用

不断提升氢能利用经济性，拓展清洁低碳氢能在化工行业替代的应用空间。开展以氢作为还原剂的氢冶金技术研发应用。探索氢能在工业生产中作为高品质热源的应用。扩大工业领域氢能替代化石能源应用规模，积极引导合成氨、合成甲醇、炼化、煤制油气等行业由高碳工艺向低碳工艺转变，促进高耗能行业绿色低碳发展。

专栏“十四五”时期氢能产业创新应用示范工程	
交通	在矿区、港口、工业园区等运营强度大、行驶线路固定区域，探索开展氢燃料电池货车运输示范应用及70MPa储氢瓶车辆应用验证。 在有条件的地方，可在城市公交车、物流配送车、环卫车等公共服务领域，试点应用燃料电池商用车。 结合重点区域生态环保需求和电力基础设施条件，探索氢燃料电池在船舶、航空器等领域的示范应用。

续表

储能	重点在可再生能源资源富集、氢气需求量大的地区，开展集中式可再生能源制氢示范工程，探索氢储能与波动性可再生能源发电协同运行的商业化运营模式。 鼓励在燃料电池汽车示范线路等氢气需求量集中区域，布局基于分布式可再生能源或电网低谷负荷的储能／加氢一体站，充分利用站内制氢运输成本低的优势，推动氢能分布式生产和就近利用。
发电	结合增量配电改革和综合能源服务试点，开展氢电融合的微电网示范，推动燃料电池热电联供应用实践。 鼓励结合新建和改造通信基站工程，开展氢燃料电池通信基站备用电源示范应用，并逐步在金融、医院、学校、商业、工矿企业等领域引入氢燃料电池应用。
工业	结合国内冶金和化工行业市场环境和产业基础，探索氢能冶金示范应用，探索开展可再生能源制氢在合成氨、甲醇、炼化、煤制油气等行业替代化石能源的示范。

七、加快完善氢能发展政策和制度保障体系

牢固树立安全底线，完善标准规范体系，加强制度创新供给，着力破除制约产业发展的制度性障碍和政策性瓶颈，不断夯实产业发展制度基础，保障氢能产业创新可持续发展。

（一）建立健全氢能政策体系

制定完善氢能管理有关政策，规范氢能制备、储运和加注等环节建设管理程序，落实安全监管责任，加强产业发展和投资引导，推动氢能规模化应用，促进氢能生产和消费，为能源绿色转型提供支撑。完善氢能基础设施建设运营有关规定，注重在建设要求、审批流程和监管方式等方面强化管理，提升安全运营水平。研究探索可再生能源发电制氢支持性电价政策，完善可再生能源制氢市场化机制，健全覆盖氢储能的储能价格机制，探索氢储能直接参与电力市场交易。

（二）建立完善氢能产业标准体系

推动完善氢能制、储、输、用标准体系，重点围绕建立健全氢能质量、氢安全等基础标准，制氢、储运氢装置、加氢站等基础设施标准，交通、储能等氢能应用标准，增加标准有效供给。鼓励龙头企业积极参与各类标准研制工作，支持有条件的社会团体制定发布相关标准。在政策制定、政府采购、招投标等活动中，严格执行强制性标准，积极采用推荐性

标准和国家有关规范。推进氢能产品检验检测和认证公共服务平台建设，推动氢能产品质量认证体系建设。

（三）加强全链条安全监管

加强氢能安全管理制度和标准研究，建立健全氢能全产业安全标准规范，强化安全监管，落实企业安全生产主体责任和部门安全监管责任，落实地方政府氢能产业发展属地管理责任，提高安全管理能力水平。推动氢能产业关键核心技术和安全技术协同发展，加强氢气泄漏检测报警以及氢能相关特种设备的检验、检测等先进技术研发。积极利用互联网、大数据、人工智能等先进技术手段，及时预警氢能生产储运装置、场所和应用终端的泄漏、疲劳、爆燃等风险状态，有效提升事故预防能力。加强应急能力建设，研究制定氢能突发事件处置预案、处置技战术和作业规程，及时有效应对各类氢能安全风险。

八、组织实施

充分认识发展氢能产业的重要意义，把思想、认识和行动统一到党中央、国务院的决策部署上来，加强组织领导和统筹协调，强化政策引导和支持，通过开展试点示范、宣传引导、督导评估等措施，确保规划目标和重点任务落到实处。

（一）充分发挥统筹协调机制作用

建立氢能产业发展部际协调机制，协调解决氢能发展重大问题，研究制定相关配套政策。强化规划引导作用，推动地方结合自身基础条件理性布局氢能产业，实现产业健康有序和集聚发展。

（二）加快构建“1+N”政策体系

坚持以规划为引领，聚焦氢能产业发展的关键环节和重大问题，在氢能规范管理、氢能基础设施建设运营管理、关键核心技术装备创新、氢能产业多元应用试点示范、国家标准体系建设等方面，制定出台相关政策，打造氢能产业发展“1+N”政策体系，有效发挥政策引导作用。

（三）积极推动试点示范

深入贯彻国家重大区域发展战略，不断优化产业空间布局，在供应潜力大、产业基础实、市场空间足、商业化实践经验多的地区稳步开展试点示范。支持试点示范地区发挥自身优势，改革创新，探索氢能产业发展的多种路径，在完善氢能政策体系、提升关键技术创新能力等方面先行先试，形成可复制可推广的经验。建立事中事后监管和考核机制，确保试点示范工作取得实效。

（四）强化财政金融支持

发挥好中央预算内投资引导作用，支持氢能相关产业发展。加强金融支持，鼓励银行业金融机构按照风险可控、商业可持续性原则支持氢能产业发展，运用科技化手段为优质企业提供精准化、差异化金融服务。鼓励产业投资基金、创业投资基金等按照市场化原则支持氢能创新型企业，促进科技成果转移转化。支持符合条件的氢能企业在科创板、创业板等注册上市融资。

（五）深入开展宣传引导

开展氢能制、储、输、用的安全法规和安全标准宣贯工作，增强企业主体安全意识，筑牢氢能安全利用基础。加强氢能科普宣传，注重舆论引导，及时回应社会关切，推动形成社会共识。

（六）做好规划督导评估

加强对规划实施的跟踪分析、督促指导，总结推广先进经验，适时组织开展成效评估工作，及时研究解决规划实施中出现的新情况、新问题。规划实施中期，根据技术进步、资源状况和发展需要，结合规划成效评估工作，进一步优化后续任务工作方案。

北京市关于支持氢能产业发展的若干政策措施

为贯彻国家《氢能产业发展中长期规划（2021—2035年）》，落实《北京市“十四五”时期高精尖产业发展规划》《北京市氢能产业发展实施方案（2021—2025年）》工作部署，把握氢能产业发展的关键窗口期与机遇期，加快培育和发展北京市氢能产业，特制定以下措施。

一、支持科技研发创新

1. 支持基础共性技术研究。面向氢能技术发展与应用的重大需求，聚焦制氢、储运、加注、燃料电池等产业链核心环节，兼顾氢能关联技术，支持氢能企业及机构开展基础前瞻和关键共性技术自主研发，促进氢能领域的科学发现和技术突破，支持重大共性技术和关键核心技术的战略储备应用基础研究（市科委、中关村管委会）。

2. 支持强链工程实施。鼓励领军企业牵头，围绕氢能产业链关键环节，遴选研发合作单位和团队，组建产学研协同、上下游衔接的创新联合体，开展联合技术攻关，完善产业链供应链，符合政策要求的企业优先纳入“强链工程”支持范围，给予项目总投资一定比例的股权支持或事前补助支持（市科委、中关村管委会）。

3. 支持科技创新平台建设。鼓励氢能领域创新主体在京组建国家级、市级氢能重点实验室、产业创新中心、工程研究中心、企业技术中心等创新平台载体，强化产学研合作，按国家和北京市相关规定给予资金支持（市科委、中关村管委会、市发展改革委、市经济和信息化局）。使用创新服务平台的企业，符合条件的可纳入首都科技创新券政策支持范围（市科委、中关村管委会）。

二、支持技术装备产业化

4. 支持产业筑基工程实施。鼓励氢能领域重点企业参与“筑基工程”，聚焦产业链卡点环节，创新组织模式开展揭榜攻关、样机研发、研究成果转化和产业化，解决企业关键核心技术和“卡脖子”技术难题，分批给予攻关投资一定比例奖励（市经济和信息化局）。

5. 支持新材料首批次应用。将氢能领域新材料产品优先纳入北京市重点新材料首批次应用示范指导目录，对于指导目录中的氢能领域新产品首批次应用，按单个产品不超过500万元、单个企业不超过1000万元给予分档奖励（市经济和信息化局）。

6. 支持首创产品进入市场。支持属于氢能关键领域“补短板”，填补国内（国际）空白，技术水平国内（国际）首创的技术产品（统称为首创产品）实现首次应用。根据产品应用效果，按照首次进入市场合同金额的30%比例，择优给予研制单位国际首创产品不超过500万元、国内首创产品不超过300万元的资金支持（市科委、中关村管委会）。

7. 支持技术装备首台（套）应用。将氢能领域发展潜力大、技术水平领先、推广价值高的先进技术优先纳入北京市创新型绿色技术推荐目录，并优先推荐进入本市首台（套）产品目录评审程序，对于推荐目录内技术在京的前三台（套）应用项目，按照绿色技术创新体系相关政策规定给予支持（市发展改革委）。

三、支持产业创新发展

8. 支持企业孵化培育。鼓励建设和培育氢能领域专业孵化器，开展高水平的创业辅导、早期投资、资源对接等专业化服务。符合标杆型孵化器条件的，按照孵化器建设发展情况分类给予不超过2000万元资金支持；根据创业服务机构企业培育数量及孵化服务成效，择优给予不超过50万元资金支持；支持和推荐符合条件的孵化器申报市级和国家级孵化器（市科委、中关村管委会）。

9. 支持中小企业发展。加快推动氢能领域优质中小企业梯度培育，加大统筹协调与培育扶持力度，强化市区协同开展全面精准服务，对获评“专精特新”的企业给予区级分档资金奖励（市经济和信息化局、各区政府）。鼓励氢能领域研发设计、中试集成、测试验证等产业支撑平台面向中小企业提供服务，符合条件的可认定为“北京市中小企业公共服务示范平台”，给予一定建设补助或绩效奖励；使用公共服务平台的企业，符合条件的可纳入中小企业服务券政策支持范围（市经济和信息化局）。

10. 支持企业融资发展。鼓励国内外各类投资机构设立主要投向氢能产业的投资基金；支持市、区两级政府投资基金和社会资本联合设立氢能产业政府引导基金；支持创新型中小企业在北京证券交易所上市融资；支持金融机构为氢能相关企业提供创新型信贷产品、专项债券和担保支持等金融服务（市经济和信息化局、市科委、中关村管委会、市金融监管局）。

11. 支持企业扩大投资。对获得固定资产贷款的氢能领域重大新建、改造项目，给予不超过人民银行同期中长期贷款市场报价利率（LPR）、单个企业年度不超过3000万元的贷款贴息支持；对固定资产投资纳统有一定贡献且获得银行贷款的企业，给予固定资产贷款贴息率不超过2%、单个企业年度不超过1000万元的普惠性贴息支持；支持氢能企业租赁关键设备和产线用于在京研发、建设、生产，对融资租赁合同额不低于1000万元的给予不超过5%费率、单个企业年度不超过1000万元的租赁费用补贴（市经济和信息化局）。

12. 支持供应链协同。鼓励产业链龙头企业在京津冀范围内寻找稳定配套商，增强产业链整体韧性。对京津冀范围内首次纳入产业链龙头企业供应链，且首次签订采购合同后实际累计履约金额达到一定额度，按实际履约金额的一定比例对产业链龙头企业给予奖励（市经济和信息化局）。

四、支持基础设施建设

13. 支持加氢站建设运营。鼓励新建和改（扩）建符合本市发展规划的加氢站，对本市行政区域范围内建成（含改扩建）的加氢站，按照压缩机12小时额定工作能力不少于1000公斤和500公斤两档分别给予500万元和200万元的定额建设补贴。对本市行政区域范围内提供加氢服务并承诺氢气市场销售价格不高于30元/公斤的加氢站，按照10元/公斤的标准给予氢气运营补贴（市城市管理委）。

14. 支持先进氢能设施建设。按照包容审慎原则，鼓励分布式制氢项目建设，促进氢源就近供应保障；支持开展先进制氢、储运、加氢设施试点建设，对符合新技术新产品小批量验证和规模化推广应用条件的氢能新型基础设施项目，按照项目投资额的一定比例给予资金支持（市经济和信息化局）。

五、支持示范推广应用

15. 支持车辆推广运营。以省际专线货运、城市重型货物运输、城市物流配送、城市客运等场景为重点，积极推动京津冀燃料电池汽车示范城市群建设，开展氢燃料电池汽车示范应用。对纳入并完成我市燃料电池汽车示范应用项目的整车制造企业、车辆运营企业以及核心零部件企业，按照一定标准分别予以奖励（市经济和信息化局）。

16. 支持多领域示范应用。推动氢能在发电、热电联供、工业车辆等领域示范，促进技术示范应用与推广模式创新。对经评审择优确定并发布的重点示范项目，按照新型基础设施建设、绿色低碳发展、技术装备应用、重点应用场景示范等相关奖励政策给予示范项目相应的资金支持（市经济和信息化局、市发展改革委、市科委、中关村管委会）。

六、支持标准体系建设

17. 支持标准制修订。支持建立符合本市氢能科技和产业发展需要的标准体系，将氢能产业领域重点标准规范纳入我市重点发展的技术标准领域和重点标准方向。对重点国际标准、国家标准以及行业标准、地方标准、团体标准，分别按每项不高于 100 万元、30 万元和 20 万元给予资金补助（市市场监管局、市经济和信息化局）。对新发布的中关村标准按每项不超过 50 万元给予资金支持。（市科委、中关村管委会）。

18. 支持标准化活动。支持企业及相关单位加入国际知名标准化组织，参加国际标准化活动。对企业领军人物等担任国际知名标准化组织（或技术委员会）相应职务的，分别给予企业不超过 50 万元、30 万元、20 万元资金支持；对企业在京组织、承办国际标准化活动或会议，按照实际发生费用的 50%、每项不超过 30 万元给予资金支持（市科委、中关村管委会）。

七、支持服务体系建设

19. 支持高端人才引进。依据本市人才引进相关政策支持氢能领域高层次、紧缺型人才引进落户（市人才局）。加大氢能领域国际高层次人才引进力度，探索简化工作许可、居留许可审批流程（北京海外学人中心、市公安局）。对引进的氢能领域高端人才，按人才住房支持政策做好保障（各区政府）。在本市引进毕业生政策框架内，对氢能企业加大支持力度（市人力社保局）。

20. 支持公共服务能力建设。鼓励各类服务机构和行业组织与地方政府合作招商引资。对在引进优质项目过程中做出贡献的，经认定后给予资金奖励（各区政府）。支持各类创新主体组织重点学术会议及品牌性交流活动，开展国际交流研讨，经专家评审后，根据综合评估结果给予资金支持（市科委、中关村管委会）。

八、附则

本政策措施自发布之日起实施，有效期三年。

上海市氢能产业发展中长期规划（2022—2035年）

氢能是一种来源丰富、绿色低碳、应用广泛的二次能源，正逐步成为全球能源转型的重要载体之一。为助力实现碳达峰、碳中和目标，构建清洁低碳、安全高效的能源体系，培育壮大战略性新兴产业，促进上海市氢能产业高质量发展，根据《上海市国民经济和社会发展第十四个五年规划和二〇三五年远景目标纲要》，编制本规划。规划期限为2022—2035年。

一、发展基础

（一）发展现状

上海是氢能产业发展的先行者，经过多年积累，行业核心技术与关键产品不断突破，示范应用大面积推广，企业呈现快速发展态势，发展质量持续提升，已初步掌握氢能制取、储运、加注、燃料电池系统集成等重要技术和生产工艺，在交通、能源、工业等领域开展前瞻布局研究。

1. 创新能力不断提升。氢燃料电池汽车的研发与应用在国内保持领先地位，大功率电堆等产品的技术指标达到国际先进水平。从膜电极、双极板到燃料电池汽车的系统集成形成了技术、产品、应用的全产业链发展体系。

2. 产业基础优势明显。工业产氢供氢能力近50万吨/年，有力支撑了工业、医疗等行业的用氢需求。已建成10座加氢站和近30公里输氢管道，为氢能的应用推广奠定基础。依托上海汽车产业基础，形成较为完整的燃料电池汽车产业链，基本实现燃料电池汽车车型的全覆盖。

3. 产业布局逐步形成。形成多个各具特色的氢能产业集聚区。金山区成为全市氢气供应和关键材料研发的重要策源地；宝山区积极打造氢气保供和综合示范基地；临港新片区加快引进国内外重点企业，打造氢能科技和产业园；嘉定区初步形成国内领先的燃料电池汽车产业集聚区。

4. 政策保障持续加强。陆续出台《上海市燃料电池汽车发展规划》《上海市燃料电池汽车产业创新发展实施计划》等政策文件，将氢燃料汽车作为本市新能源汽车发展的重要方向，强化“上海制造”品牌，加快推动氢能产业发展。

上海氢能产业发展已取得一定成绩，但依然面临一些瓶颈问题。氢燃料电池部分关键技术与国际先进水平还存在差距，缺乏竞争力强的领军企业，氢能在储能、发电等新领域的应用比较薄弱，氢能产业对经济发展的支撑力度仍需提升。

（二）发展形势

当前全球范围正兴起“氢能经济”和“氢能社会”的发展热潮，主要发达国家纷纷出台氢能规划和产业政策。欧盟在氢能发展战略中制定了一系列产业扶持政策，美国提出促进氢能发展的政策和技术路线图，日本出台包括技术研发资助、商业化推广补贴和税收优惠等配套政策，并率先提出在全球实现“氢能社会”的发展战略。

党的十八大以来，国家将生态文明建设和绿色发展放在了前所未有的高度，国家对氢能产业的支持力度不断加大。以氢燃料电池汽车示范应用为牵引，将氢能列入国家能源发展战略的组成部分，鼓励氢能开发利用技术的研究与示范，产业发展已形成良好氛围，长三角、粤港澳大湾区、京津冀等区域初步形成氢能产业集聚发展的态势。上海要充分发挥已有产业基础优势，顺应绿色低碳发展趋势，加快推动氢能产业发展。

二、总体要求

（一）指导思想

以习近平新时代中国特色社会主义思想为指导，全面贯彻党的十九大和十九届二中、三中、四中、五中、六中全会精神，立足新发展阶段，完整、准确、全面贯彻新发展理念，深入贯彻落实习近平总书记考察上海重要讲话和在浦东开发开放30周年庆祝大会上的重要讲话精神，落实《关于完整准确全面贯彻新发展理念做好碳达峰碳中和工作的意见》《2030年前碳达峰行动方案》关于“碳达峰、碳中和”的要求，发挥上海已有产业优势，以打造基于自主创新的现代氢能产业为导向，以关键核心技术为突破，以重大示范工程为依托，逐步构建绿氢为主的供应保障体系，提升对氢能产业发展的包容性，完善管理制度，规范有序发展，夯实上海在氢燃料电池、整车制造、检验检测等方面的产业优势，抢占氢能冶金、氢混燃气轮机、氢储能等未来发展先机，提高氢能在能源消费结构中的比重，为构建清洁低碳、安全高效的能源体系提供有力支撑。

（二）基本原则

创新引领，重点突破。强化氢能在制储输用等多个环节的技术创新，重点突破燃料电池汽车产业链关键技术、氢能产业关键材料和零部件，强化制备工艺、储运方式的研发和创新，打造氢能领域的龙头企业和世界一流的技术创新中心，成为国家参与全球氢能产业竞争合作的重要链接。

多元应用，示范先行。统筹氢能供应能力、产业发展需求和市场应用空间，坚持点线结合、以点带面，因地制宜拓展氢能多元化应用，打造若干世界级示应用场景，推动氢能在交通、能源、工业等领域的应用。

强化安全，注重实效。把安全作为氢能产业发展的底线，参与推动国家氢能标准规范的制订，建立健全本市氢能安全监管制度，强化对氢能全产业链重大安全风险预防和管控，提升全过程安全管理水平，确保氢能利用安全可行。

市场主导，政府引导。发挥市场在资源配置中的决定性作用，突出企业主体地位，探索氢能利用的商业化路径，着力提高氢能技术经济性。更好发挥政府作用，强化基础设施建设，完善政策制度保障，优化产业空间布局，引导规范有序发展。

（三）发展目标

到 2025 年，产业创新能力总体达到国内领先水平，制储输用产业链关键技术取得突破性进展，具有自主知识产权的核心技术和工艺水平大幅提升，氢能在交通领域的示范应用取得显著成效。建设各类加氢站 70 座左右，培育 5–10 家具有国际影响力的独角兽企业，建成 3–5 家国际一流的创新研发平台，燃料电池汽车保有量突破 1 万辆，氢能产业链产业规模突破 1000 亿元，在交通领域带动二氧化碳减排 5–10 万吨 / 年。

到 2035 年，产业发展总体达到国际领先水平，建成引领全国氢能产业发展的研发创新中心、关键核心装备与零部件制造检测中心，在交通、能源、工业等领域形成丰富多元的应用生态，建设海外氢能进口输运码头，布局东亚地区氢能贸易和交易中心，与长三角地区形成协同创新生态，基本建成国际一流的氢能科技创新高地、产业发展高地、多元示范应用高地。

三、重点任务

（一）打造科技创新高地

1. 强化关键核心技术攻关

掌握燃料电池全链条关键核心技术。依托上海汽车产业基础，提高催化剂、质子交换膜、碳纸等关键材料的可靠性、稳定性和耐久性，提升电堆设计、系统集成的工艺技术水平，形成全链条关键技术的自主化和产业化，打造具有综合竞争力的燃料电池整车品牌。

突破产业链上下游关键材料和零部件。研发清洁、高效、经济的工业副产氢提纯制氢技术，提升质子交换膜（PEM）、固体氧化物电解池（SOEC）等电解水制氢的工艺技术水平。开展太阳能光解水制氢、热化学循环分解水制氢、低热值含碳原料制氢等新型制氢技术研究。突破高压气氢、低温液氢、长距离管道输氢、储氢材料等储运环节关键材料和装备的核心技术，持续降低氢气储运成本。开展氢冶金、氢能动力等前沿技术研发。开展高炉富氢和竖炉全氢冶金工艺和设备关键技术研究，利用钢厂余热源的低电耗高温固体氧化物制氢技术及装备开发。开展氢混燃气轮机、掺气航空发动机、纯氢辅助动力电池、氢 – 锂 – 超级电容复合航空动力系统等前沿技术研究。突破分布式氢燃料电池热电联供电堆长寿命技术，降低电堆衰减和腐蚀速率，提高效率及系统运营时间。

专栏一 核心技术攻关工程

（1）氢燃料电池汽车产业链重点开展车载储氢系统、高功率密度石墨板电堆、长寿命金属板电堆、高可靠质子交换膜、高耐蚀碳纸、高速无油离心空压机、高可靠性氢气循环泵、高可靠性车载供氢系统技术研究。

（2）制储运加关键材料和零部件重点开展低能耗长寿命可再生能源电解水制氢、高回收率氢气纯化和低成本安全可靠碳捕捉、封存与利用（CCUS）等关键技术，开发具有自主知识产权的核心材料和关键零部件。开展液氨储氢、有机液体储氢、固态储氢、液态储氢等复合储氢系统关键技术研究。突破 100 兆帕及以上运输用高压氢瓶应用关键技术。利用既有管道开展输氢（掺氢）管道临氢技术研究。开展移动加氢、车载换瓶等关键技术研究。

2. 加强产业创新能力建设

面向未来强化重大原始创新研究。发挥复旦大学、上海交通大学、同济大学、华东理工大学、上海大学以及中科院应用物理研究所和硅酸盐研究所等高校和科研院所在基础研究方面的优势，紧密围绕前瞻和颠覆性技术开展研究布局，重点开展新型氨氢转换、固态储氢、乙醇重整制氢、液态储氢、新型催化剂等方面的研究，持续加强基础研究，强化颠覆性技术的前瞻布局。加强校企联动，共同开展技术攻关，提升创新策源能力，为未来产业新风口奠定技术基础。

面向产业强化重大创新平台建设。聚焦氢能重点领域和关键环节，构建多层次、多元化创新平台。高水平建设上海氢科学中心，支持高校、科研院所、企业建设前沿交叉研究平台，整合行业优质创新资源，布局建设重点实验室、产业创新中心、工程研究中心、技术创新中心、制造业创新中心、产业计量测试中心等创新平台，构建高效协作创新网络，支撑行业关键技术开发和工程化应用。

（二）提升产业综合竞争力

1. 培育壮大行业领军企业

推动大型能源企业加快向氢能生产企业转型。发挥化工区工业副产氢和老港垃圾填埋场生物质天然气制氢的资源优势，配套二氧化碳捕集装置（CCUS）制氢，形成先进的供氢体系。推动大型制造企业加快向氢能装备制造企业转型。开展氢能替代的工艺技术装备研发，以氢冶金、氢混燃气轮机、掺氢航空发动机以及分布式氢燃料电池热电联供等产品和应用场景为牵引，打造氢能关键装备研发制造龙头企业。支持上汽集团开展氢燃料电池汽车全产业链研发布局。

支持中小型创新企业做优做强，培育一批氢能领域的独角兽企业和“专精特新”企业。围绕模块化碱性电解槽、PEM 制氢装备制造、加氢站建设、燃料电池集成等产业链关键环节，加大研发投入，开展核心技术攻关，高水平、高标准打造氢能产品和服务，进一步激发氢能产业的创新创业活力。

2. 建立产业标准及检测体系

重点围绕氢能质量和氢安全等基础标准，制储运氢装置、输氢管道、加氢站等基础设施标准，交通和储能等氢能应用标准，加强相关标准体系研究。鼓励龙头企业积极参与各类标准研制工作，支持有条件的社会团体制定发布相关标准。

建设燃料电池材料、电堆、动力系统、整车及其关键零部件成套测试认证平台，形成检测认证服务和测试装备供应体系，打造燃料电池汽车测试评价公共服务平台。推进氢能产品检验检测和认证公共服务平台，支持引导氢能产品质量认证体系建设。建设氢储运装备、燃料电池汽车等氢能相关产业计量测试中心，推进氢能产业 计量测试体系建设。

专栏二　氢能标准体系构建工程

（1）氢安全风险评估标准重点构建：氢能装置定量风险评估与模型有效性验证技术标准；站内制氢工艺安全控制标准；氢能产业链风险预警技术要求及数据采集标准；高压临氢设备失效数据采集标准。

（2）氢泄漏及燃爆防护标准重点构建：临氢环境下临氢材料和零部件氢泄漏检测及危险性试验研究；氢泄漏检测技术标准；高压氢安全泄放要求；抑爆及泄爆技术标准；氢爆炸防护技术标准；氢事故应急标准。

（3）氢能产业链安全规范重点构建：供氢母站安全技术规范；加氢站安全验收标准；液氢生产及安全储运标准；氢能设备和装置的设计、检验检测技术标准。

3. 加强产业人才队伍建设

鼓励高校培育氢能相关学科专业，优化机械、化工、材料、能源等学科专业设置，建设一批涵盖氢能学科的绿色低碳技术学院，加大氢能产业人才培养力度。鼓励以氢能关键技术研发和应用创新为导向，拓展人才引进通道，引进海外高端人才。鼓励职业院校（含技工院校）开设相关学科专业，培育高素质技术技能人才及其他从业人员。针对氢能产业领军人才、关键技术研发团队，加强服务保障。

（三）筑牢供应设施基础

1. 持续推进中长期供氢“绿色化”

中长期，立足于建立以绿氢为主的供氢体系，推进深远海风电制氢、生物质制氢、滩涂光伏发电制氢，通过技术进步逐步降低绿电制氢成本。探索建立长江氢能运输走廊，布局沪外、海外氢源生 产基地和进口码头，构建多渠道氢能保障供应体系。

专栏三　氢能供应保障工程

（1）工业副产氢　“十四五”期间，重点推进低碳、安全的工业副产氢源保障项目建设，保障燃料电池汽车规模化推广的用氢需求，依托园区炼油化工项目改扩建工程，在满足绿色发展、减污降碳的条件下，推进能源低碳转型和化石能源替代。

（2）生物质制氢　基于老港垃圾填埋场，通过研发合适的催化剂、添加助剂改性催化剂、开发新型载体、改进重整制氢工艺，提高生物质制氢体系能量利用率及产氢量，降低催化剂用量并提高其稳定性。

（3）海上风电制氢　开展深远海风电制氢相关技术研究，结合上海深远海风电整体布局，积极开展示范工程建设。突破海上使用淡水电解水制氢的瓶颈，降低海水制氢成本。

（4）长江氢走廊　深入挖掘西部地区资源优势，打造“西氢东送”的长江氢能走廊。

（5）海外氢源供给在有条件的港口码头探索建设氢能（富氢载体）船舶输运码头，为国内外氢能进口提供接驳条件。

2. 逐步推动氢能输运“网络化”

重点发展高压气态储氢和长管拖车输氢，按照低压到高压、气态到多相态（低温液态、固态、氨氢转化等）的方向逐步提升氢气的储存运输能力。探索开展氢 – 氨、液氢的长距离运输工程规划，研究建设氢 – 氨转化和液氢集散中心。整合长三角地区富氢区域的氢能资源，构建地区外供氢和制氢相结合的供氢方式，保障氢源稳定供给。

发挥本市已有的天然气、合成气管网资源优势，完善宝武园区、上海化工区内部区域性氢能输送网络；保护利用好吴泾等地区已有的高压合成气管线资源，为未来上海化工区向中心城区输送氢气预留“生命线”；在临港等产业集中度高、示范应用需求强的区域，中长期加强输氢管道的规划建设。

3. 积极有序推动加氢站“普及化”

坚持需求导向，适度超前布局加氢站建设。在确保安全、节约用地的前提下，优先在氢气资源丰富、应用场景成熟的区域重点布局，支持利用现有加油加气站改扩建加氢设施，加快建设大容量 70 MPa 加氢站以满足规模化乘用车和长途重载车辆的需求。根据氢源和需求建设加氢母站，提高氢气储运效率。由点及面，由专用向公用，由本市向长三角延伸发展。开展加氢站建设运营模式创新，推动制氢、加氢一体化的新业态发展。

专栏四 加氢站建设工程

至2025年，规划建设加氢站70座左右，重点区域涵盖金山、宝山、临港、嘉定、青浦等；重点通道包括 S32 申嘉湖高速、两港大道 – 沪奉高速 – 沪金高速、G50 沪渝高速、G60 沪昆高速、G15 沈海高速等。在临港、崇明探索现场制氢加氢一体化项目示范。

中长期，根据发展需求，适度超前布局建设加氢站。

（四）构建多元应用格局

1. 加快在交通领域的商业应用

全面推广氢燃料电池在重型车辆的应用，拓展氢燃料电池客车、货车、叉车、渣土车、环卫车及大型乘用车市场空间，建立燃料电池汽车与纯电动汽车互补的发展模式。推动燃料电池在船舶、航空领域的示范应用，不断扩大交通领域氢能应用规模。

专栏五 交通领域氢能示范应用

（1）氢能公交在金山、宝山、临港、嘉定、青浦等区域构建覆盖公交客车、通勤客车等领域的综合示范应用场景，探索建设中运量公交线路，在有条件的区域开展公交车燃料电池汽车替换示范。

（2）氢能重卡基于物流重卡车辆活动路径相对固定的特点，围绕成品钢材、煤矿、整车及零部件等重载物流领域，加快氢能重卡商业化应用。推动洋山港智能重卡项目加快实现燃料电池方向的商业化应用。

（3）氢能物流车瞄准生鲜冷链、物流抛货，以及城际物流、城郊物流运输等场景，加强燃料电池汽车区间及城际间物流配送的示范应用，涵盖专用配送、快递、邮政、冷链、土方垃圾等领域。

（4）氢能乘用车重点在虹桥枢纽、嘉定等推广大型氢燃料电池乘用车，在租赁用车、公务用车等方面进一步扩大氢燃料电池乘用车示范效应。

（5）氢能叉车基于金山、奉贤化工区、临港新片区等产业园区特定应用场景，探索推广氢燃料电池叉车示范应用。

2. 加大在能源领域的推广应用

有序开展氢气储能、氢能热电联供、氢混燃气轮机的试点示范。发挥氢能调节周期长的优势，开展氢储能在可再生能源消纳、电网调峰、绿色数据中心等场景的应用。推进富氢燃料燃气轮机装备研发，开展氢混燃气轮机示范应用。

专栏六　能源领域氢能示范应用
（1）氢气储能开展氢储能在光伏、风电等新能源制氢应用场景的示范应用，发挥氢能在不同能源领域的协同优化潜力，促进氢能在电、热、燃料之间的互联互通。 （2）氢能热电联供加大氢能热电联供示范应用，促进氢燃料电池电堆开发和能量匹配系统研发。 （3）氢混燃气轮机开展全温全尺寸部件级试验验证，掌握氢混燃气轮机设计、制造与试验技术，完成基于现有技术集成的氢混燃气轮机示范项目。

3. 积极推动工业领域的替代应用

以氢作为还原剂开展氢冶金技术研发应用，推进高炉富氢冶金和竖炉全氢冶金的示范应用，促进钢铁行业结构优化和清洁能源替代，实现钢铁行业的二氧化碳超低排放和绿色制造。

引导化工企业转变用能方式，调整原料结构，拓展富氢原料来源，推动石化化工原料轻质化，扩大化工领域氢能替代化石能源的应用规模，引导合成甲醇、炼化等化工行业向低碳工艺转变，促进高耗能行业绿色低碳发展。

4. 优先打造若干世界级示范场景

打造国际氢能示范机场。发挥国际机场的基础设施优势，推动浦东机场行李车、引导车、作业清扫车等特定场景专用车辆氢能化，强化特种车辆的氢源保障和终端应用。

打造国际氢能示范港口。利用洋山港、宝山港、外高桥港、罗泾港等港口物流设施资源，加大港口集卡、叉车、轮胎吊等设备的氢燃料动力替代，鼓励氢能在港口特种车辆的推广应用。

打造国际氢能示范河湖。依托淀山湖、郊野公园等场景，完善岸线加氢设施布局，布局船艇场景，开展公务艇、游船等氢燃料电池船舶示范，推动氢能在水上场景商业化应用。

打造世界级氢能产业园。高水平建设宝武氢能园区，新建厂区内氢能输运管道，聚集产业链头部企业，为入园企业提供全方位的氢能应用场景、中试车间、示范展示等服务。

打造深远海风电制氢示范基地。结合上海深远海风电整体布局，开展相关技术研究，降低海水制氢成本，打造世界级规模化深远海风电制氢基地。

打造零碳氢能示范社区。推广分布式氢能热电联供，提高供热效率和系统运营时间。在保障安全的基础上，结合崇明世界级生态岛建设和全市有关布局，建设若干零碳社区。

打造低碳氢能产业岛。结合长兴低碳岛建设，推动甲醇制氢联产二氧化碳项目，满足长兴岛央企规模化二氧化碳、氢气、热能等用能需求，构建交通、建筑等清洁化替代应用场景。

打造零碳氢能生态岛。结合深远海风电规划布局，推动海上风电制氢以及氢能在横沙岛大规模应用，率先在横沙践行“氢能社会”发展理念，探索构建氢能为重要载体的新型电力系统。

（五）加强开放协同合作

1. 打造上海氢能产业城市群

促进氢能技术和产业链延伸，建立东西部技术创新、集成示范、氢能供应的长效合作机制，加速东西部地区燃料电池产业链协同升级。发挥好上海市的研发优势，加快培育行业独角兽企业和领军企业。发挥好嘉兴、南通、淄博、苏州、鄂尔多斯及宁东能源化工基地等兄弟城市的资源优势，扩大氢能产业“朋友圈”，共同打造上海氢能产业示范城市群。

2. 支撑长三角一体化发展

依托长三角区域加氢基础设施和工业副产氢优势，打通氢源互通互保路径，以上海为龙头，联通苏州、南通、宁波、嘉兴、张家港等周边城市，打造氢输运高速示范线路，提升长三角区域氢源保障能力。通过技术合作、产业基金等多种途径，开展基础材料、核心技术和关键部件的联合技术攻关。立足长三角氢能产业基础，不断拓展应用领域，高水平推动氢能在长三角生态绿色一体化发展示范区的应用推广。

3. 推动国际开放创新合作

鼓励开展氢能科学和技术的国际联合研发，推动氢能全产业链关键核心技术、材料和装备创新合作，参与国际氢能标准化，在有条件的区域建设中外氢能产业园区，支持中日（上海）地方发展合作示范区配套设施建设。加强与氢能技术领先的国家和地区开展项目合作，探索与“一带一路”国家开展氢能贸易、基础设施建设、产品开发等方面的合作。

（六）强化管理制度创新

1. 优化管理审批流程

在氢能产业项目的规划、立项、审批等方面明确工作流程，优化加氢站、加油站、油氢合建站多头管理的政策现状，建立氢能制备、检测服务、加氢基础设施等建设项目审批“绿色通道”，建立“一站式”行政审批管理制度。在符合相关规范、安全条件的前提下，优化用地预审与规划选址、社会稳定风险评估等前期手续。鼓励在新建的加油、加气、充电场站内预留加氢设施空间，提高土地利用效率，将独立建设加氢站用地纳入公用设施用地范围。

2. 强化政策创新突破

强化氢的能源属性，逐步突破氢能产业发展的政策制约。优化安全监管办法，完善基础设施建设和科技攻关支持政策，在气瓶检测、车辆停放等方面加大探索力度，优化车辆运营及道路运输管理办法。探索出台支持加氢站站内制氢、站内制氢加氢一体化政策，在有条件的非化工区用地开展制氢加氢一体化项目建设。对于新的氢能产业项目，鼓励容缺受理、提前预审、告知承诺制等创新措施。

四、空间布局

打造“南北两基地、东西三高地”的氢能产业空间布局。其中，“两基地”为金山和宝山两个氢气制备和供应保障基地；“三高地”为临港、嘉定和青浦三个产业集聚发展高地。

（一）打造金山氢源供应与新材料产业、示范运营基地

鼓励上海化工区工业副产氢的综合利用，立足发展园区循环经济，实现绿色低碳发展。优化氢气提纯技术，提高副产氢利用效率。聚焦氢气储运和燃料电池应用等领域涉及的碳纤维、催化剂、全氟磺酸聚合物树脂等关键材料，加快相关材料的研制生产。引导化工企业转变用能方式，拓展富氢原料来源，推动石化化工原料轻质化。发挥上海化工区管道输氢成本优势，拓展氢燃料电池客车、货车、叉车等运营场景。

（二）打造宝山氢源供应与综合应用基地

发挥宝武集团大规模钢铁冶金制氢能力，为宝山区发展氢能产业提供氢源支撑，持续吸引氢能优势企业，形成氢能产业发展新动能。鼓励宝武集团与高校联合打造氢能研发创新生态，延伸宝山地区氢能源产业链，促进产业链之间的资源融合与良性互动，建设氢能关键核心零部件生产制造基地，打造宝山区氢能重卡、氢能科技产业园区综合应用示范场景。

（三）建设临港氢能高质量发展实践区

依托临港新片区“国际氢能谷”，聚焦燃料电池整车、热电联供等，形成氢能动力产业发展生态，建立跨界融合的氢能及燃料电池产业体系。建设氢能燃料电池动力的中运量公共交通线路，布局氢能燃料汽车整车制造，抢占氢燃料汽车发展先机，推动示范应用，高水平建设中日（上海）地方发展合作示范区。

（四）建设嘉定氢能汽车产业创新引领区

以嘉定氢能港、新能港、环同济大学科技园为载体，鼓励区域内高校、研究机构及龙头企业，聚焦氢能与燃料电池汽车研发、产学研孵化及生产制造，打造燃料电池汽车产业发展创新引领区。建设氢燃料电池汽车计量测试国家级平台、燃料电池汽车及加氢站数据监测市级平台、搭建国内外氢能产业交流沟通平台。推动燃料电池乘用车及公交车智能网联模式创新，面向长三角区域，建立城市级商业运营示范。

（五）建设青浦氢能商业运营示范区

围绕区域物流产业规模优势和物流配送网络优势，搭建物流领域道路和非道路氢能车辆（含载货、牵引、叉车等）商业化应用场景。依托长三

角一体化示范区的地理优势，拓展氢能公交、氢能船舶运营示范场景。探索物流园区、工业园区等封闭园区内自用加氢设施的应用。优先打造燃料电池车辆商业化，建立示范运营和服务保障体系。

五、保障措施

（一）加强组织机制保障

建立上海氢能产业发展综合协调机制，分别依托新能源汽车、能源、战略性新兴产业等已有的工作机制，协调解决氢能产业发展重大问题。各部门根据职责分工具体推进落实，推进政策制定、项目落地、招商引资、安全监管等各方面工作。充分发挥行业组织能动性，加强政府与企业之间的信息互通，推进氢能产业协同发展。

（二）完善配套政策体系

借鉴国内外先发城市的经验，研究制定绿氢制备、氢能储运、燃料电池汽车推广及氢能综合利用等方面的配套政策，不断完善氢能相关政策与标准规范体系，在市级事权范围内推动创新改革举措，鼓励具备条件的区域在用能规模、土地性质等方面给予专项政策支持。

（三）促进科技成果转化

提升氢能产业科技成果转移转化效率，疏通基础研究、应用研究和产业化双向链接的快车道，推动氢能创新链与产业链的深度融合，推动数字技术与氢能产业的深度融合，推进氢能全产业链的数字化进程，提升氢能产业基础高级化、产业链现代化水平，鼓励推广应用新技术、新产品，加快科技成果转化。

（四）强化财政金融支持

推动产业和科技类专项资金聚焦支持氢能产业，支持国内外行业龙头企业、重点企业来沪发展。鼓励银行业金融机构加大对氢能产业支持力度。强化天使投资引导基金、创业投资引导基金作用，围绕氢能创新企业主动布局投资。深入实施“浦江之光”行动，推动更多氢能产业相关企业在科创板上市。

（五）加强全链条安全管理

强化安全监管，坚持安全有序发展，落实企业安全生产主体责任和部门安全监管责任，提高安全管理能力水平。积极利用互联网、大数据、人工智能等技术手段，及时预警各类风险状态，有效提升事故预防能力。加强应急能力建设，及时有效应对各类氢能安全风险。

（六）深入开展宣传引导

开展氢能制、储、输、用的安全法规和安全标准宣贯工作，增强企业主体安全意识，筑牢氢能安全利用基础。加强氢能科普宣传，注重舆论引导，及时回应社会关切问题，推动形成社会共识。建立科普宣传保障机制，制定科普宣传计划，组织编订科普知识宣传资料，提高社会公众对氢能的认知度和认同感。

“氢动吉林”中长期发展规划（2021—2035年）

氢能是一种清洁、高效、灵活、安全的二次能源，是我国能源体系的重要组成部分。发展氢能是我国实现碳达峰碳中和战略目标的重要支撑，也是抢占未来全球能源技术和产业制高点的战略选择。吉林是农业和新能源大省，工业基础较为雄厚，目前正处于新旧动能转换、经济转型升级的关键阶段，面临着压减煤炭消费总量、治理环境污染、降低碳排放强度和总量等严峻挑战。将氢能产业作为培育发展战略性新兴产业的重点，是可再生丰富的资源优势转化成产业优势的重要路径，是助力工业、交通、能源等领域深度脱碳的重要支撑。

为深入贯彻落实省第十二次党代会精神，全面实施“一主六双”高质量发展战略，抢抓氢能产业发展关键机遇期，促进我省氢能产业高质量发展，依据国家《氢能产业发展中长期规划（2021—2035年）》、《“十四五”可再生能源发展规划》、《“十四五”新型储能发展实施方案》和《中共吉林省委关于全面实施“一主六双”高质量发展战略的决定》、《吉林省“十四五”能源发展规划》等编制本规划，规划期限为2021—2035年。本规划作为吉林省氢能产业中长期发展规划，是我省今后一个时期氢能产业发展的指导性文件，是各地编制氢能产业发展规划或行动计划的重要依据。

一、总体情况

（一）国内外氢能发展趋势。

国际。当前，全球新一轮科技革命和产业变革正在加速，氢能制取、储运和燃料电池等技术日渐成熟，主要发达国家和地区均将氢能纳入能源发展战略，持续加大技术研发与产业化扶持力度，重点企业在氢能技术研发、关键材料制造等方面处于全球领先位置。氢能由示范应用逐步走向规模化推广，产业链条不断完善，产业规模快速扩大，全球迎来“氢能社会”发展热潮。美国、日本、德国和俄罗斯等20余个国家出台相应政策，将发展氢能产业提升到国家能源战略高度。为了促进氢能经济的发展，协调全球氢能的开发与利用，国际能源署于大阪G20峰会上针对氢能经济发展提出了四个机遇、四大挑战和七项建议，以推动氢能产业发展步伐，帮助政府、企业等相关机构实现氢能的潜力。截至2021年底，全球共有659座加氢站投入运营，主要国家氢燃料电池汽车保有量达到49354辆。

国内。近年来，氢能产业在我国呈现出快速发展趋势。2021年，在《中华人民共和国国民经济和社会发展第十四个五年规划和2035年远景目标纲要》、《中共中央　国务院关于完整准确全面贯彻新发展理念做好碳达峰碳中和工作的意见》等重要文件中均提及氢能在产业发展、科技创新、能源转型等方面的重要作用。财政部等五部门批复北京、上海、广东、河北、河南氢燃料电池汽车示范城市群，争取用4年时间构建出完整的燃料电池汽车产业链。政策引领将为我国氢能产业技术提升、产品示范推广、基础设施建设等带来重大机遇。2022年3月，国家发展改革委、国家能源局联合印发《氢能产业发展中长期规划（2021—2035年）》，将氢能正式纳入国家能源体系，并明确氢是能源转型的重要载体。目前，我国30个省级行政区、150多个城市的“十四五”规划中涉及氢能发展相关内容，并有10多个省区、50多个城市陆续发布氢能产业专项规划。目前，我国已初步形成较为完整的氢能产业链，自主化水平快速提升，创新引领作用不断增强，2011—2020年，氢能相关专利申请已超过2万件，位居全球第二。截至2021年底，我国共有183座加氢站投入运营，居全球首位；氢燃料电池汽车保有量达到8498辆。

（二）吉林省氢能组合优势及发展现状。

1. 组合优势。

新能源资源禀赋好。吉林是我国重要的能源基地，能源资源禀赋条件优越，特别是可再生能源资源丰富，为发展氢能奠定了良好的资源基础。省内有国家级松辽清洁能源基地，待开发规模上亿千瓦，后备资源充足、品质好。全省风能潜在开发量约2亿千瓦，可装机容量约为6900万千瓦；全省地面光伏电站潜在开发容量为9600万千瓦，可装机容量约为4600

万千瓦。

区位合作条件优越。吉林省区位优势明显，地处由我国东北地区、朝鲜、韩国、日本、蒙古和俄罗斯东西伯利亚构成的东北亚地理中心，有利于参与东北亚区域合作，是我国向东北亚开放的重要窗口。近年来，日本、韩国、俄罗斯等周边国家已相继出台了国家级氢能发展战略规划，积极创新国际合作模式、拓宽合作领域，与吉林省区位优势形成对接。

产业发展协同性强。吉林省氢能产业链完整，氢能发展有望取得“以点带面、以制造扩应用、以技术促产业、以企业聚动能”的效果。产业结合方面，我省是新中国汽车产业和化工产业的摇篮，产业实力雄厚。作为农业大省，对化肥有刚性需求。近年来我省碳纤维产业发展迅猛，已跃入国内第一梯队，其他新兴产业也得到蓬勃发展。全省产业基础与氢能产业融合度高、衔接性好。

产学研发展基础好。基础研究方面，吉林省拥有中科院长春应化所、吉林大学、东北电力大学等重点科研院所和高校，在氢燃料电池、质子交换膜电解水技术、氢气储运及应用等方面形成了一批成果，产业研发与人才底蕴深厚；运营主体方面，全省汇聚了一批重点企业，有效形成了大型央企、国企和省内企业的企业梯队，具备高水平氢能大规模开发利用能力和良好的氢能装备研发制造基础。

2. 发展现状。

全省氢能产业链正在逐步延长。吉林省绿氢资源禀赋好，早在2019年已开始谋划探索氢能产业，打造“中国北方氢谷”。2019年5月，白城市发布《白城市新能源与氢能产业发展规划》；2019年7月，举行“中国北方氢谷”产业发展高端交流会；2020年9月，我省首辆氢燃料电池客车在延吉下线；2020年10月，白城市投运氢燃料电池公交车，成为东北地区首个氢燃料电池公交线路投运的城市；2020年12月，《中共吉林省委关于制定吉林省国民经济和社会发展第十四个五年规划和2035年远景目标的建议》出台，提出培育壮大新兴产业，创新发展氢能等新能源；2021年1月，《吉林省人民政府办公厅关于进一步促进汽车消费若干措施的通知》出台，提出加快推进燃料电池汽车示范应用，支持新建一体式油气电氢综合能源站，或现有油气站扩建加氢站，逐步提升加氢站国产化关键设备使用率等措施。

我省已率先开展一系列氢能示范应用，为氢能产业规模化发展提供经验借鉴。制氢领域，吉电股份已在白城开展碱液联合质子交换膜（PEM）电解水制氢试点项目建设，在中韩（长春）国际合作示范区投资建设“可再生能源+质子交换膜（PEM）电解水制氢+加氢”一体化项目；华能集团与壳牌公司携手，在白城联合建成风电动态碱液制氢实验装置。应用领域，氢能交通已在白城、延边等地成功示范，省内已建成示范加氢站3座，在运氢燃料电池汽车35辆，其中一汽集团在白城交付15辆氢燃料电池公交车，吉电股份采购20辆氢燃料电池大巴车为东北亚博览会等重要活动提供服务。一汽红旗氢燃料电池乘用车已开展示范运行，一汽解放实现了300辆氢燃料电池车交付。研发方面，一汽集团在燃料电池乘用车和商用车方面已逐渐形成自主核心竞争力，在燃料电池方面已初步掌握发动机自主集成技术，并开展电堆设计与装配、膜电极和柔性石墨双极板基础技术研究。

（三）*存在不足*。一是省内氢能顶层设计刚刚启动，氢能产业配套政策体系不足，全省齐抓共促工作合力尚未形成；二是全省氢能产业发展总体处于商业化初期阶段，核心技术与关键材料仍处于攻关期，成熟度较低，与国际先进水平存在一定差距，关键材料主要依靠进口，成本较高，产业发展高度依赖政府补贴，商业化市场培育亟待加强。三是氢能基础设施建设薄弱，建设运营成本较高，氢能产业相关基础设施审批、立项、建设、运营以及监管机制尚需完善。四是氢能产业链各环节相关产品的安全规范和标准体系还不健全，第三方检测认证流程、规范和能力有待进一步完善。

二、总体要求

（一）*指导思想*。以习近平新时代中国特色社会主义思想为指导，全面贯彻党的十九大和十九届历次全会精神，忠实践行习近平总书记视察吉林重要讲话重要指示精神，立足新发展阶段，完整准确全面贯彻新发展理念，构建新发展格局，贯彻“四个革命、一个合作”能源安全新战略，以供给侧结构性改革为主线，坚决履行“30·60”碳达峰、碳中和责任，全面实施“一主六双”高质量发展战略，深入开展“氢动吉林”行动，把发展氢能作为推动产业转型升级、促进能源结构调整的重要引擎，加强技术研发，提升装备制造水平，贯通氢能产业链条，构建新型产业生态，抢占绿色氢能产业发展新赛道制高点，打造“中国北方氢谷”，为吉林全面振兴全方位振兴提供有力支撑。

（二）基本原则。

坚持安全为本。正确处理安全与发展的关系，强化安全意识，建立健全氢气制备、储运、加注和使用各环节的安全标准和规范体系，强化氢能产业各环节安全管理与风险评估，建立有效的风险监控管理机制。

坚持绿色发展。牢固树立“绿水青山就是金山银山”的理念，充分发挥我省可再生能源资源丰富的优势，坚持可再生能源制氢的绿色发展理念，促进氢能产业可持续、高质量发展。

坚持创新驱动。增强自主创新能力，形成一批具有自主知识产权的核心技术和知识品牌，推动商业模式创新，鼓励政策机制创新，构建创新平台，营造创新环境，带动氢能产业总体水平和竞争力大幅提升。

坚持市场主导。充分发挥氢能企业的主体作用和市场在资源配置中的决定性作用，激发市场内生动力，发挥政府引导作用，实现资源要素合理有序流动和集聚，提升我省氢能产业整体竞争力。

坚持产业协同。加强产学研用深度融合，科学优化产业布局。坚持系统思维，明确实施路径，从最有潜力和优势的产业重点突破，推进氢能产业上下游协同发展。

坚持示范先行。加快培育一批先行先试区，加速布局一批高水平氢能示范项目，充分发挥示范区域、示范园区、示范企业的引领作用，以点带面，推动我省氢能产业有序发展。

三、发展愿景

（一）总体愿景。“氢动吉林”中长期发展规划分为2021—2025年、

2026—2030年、2031—2035年3个阶段实施，以“三步走”方式，按“一区、两轴、四基地”布局氢能产业，打造“中国北方氢谷”。实现产业从跟跑到并跑、从并跑到领跑的跨越，在全国形成差异化优势，打造氢能产业发展新高地。一区即全域国家级新能源与氢能产业融合示范区；两轴即“白城－长春－延边”“哈尔滨－长春－大连”氢能走廊；四基地即吉林西部国家级可再生能源制氢规模化供应基地、长春氢能装备研发制造应用基地、吉林中西部多元化绿色氢基化工示范基地和延边氢能贸易一体化示范基地。

专栏1 打造“一区、两轴、四基地”氢能产业高质量发展格局

国家级新能源与氢能产业融合示范区：充分联动西部白城和松原可再生资源丰富的优势，中部长春装备和吉林场景优势，东部延边贸易和白山储能优势，积极发挥龙头企业引领和辐射带动作用，依托现有产业基础、氢能人才、产业政策和市场应用基础，以上游资源优势带动下游产业动能，打造完整氢能产业链，建成氢能技术创新策源地、氢燃料电池汽车产业集聚区和氢能与综合能源示范应用生态圈，抢占产业发展先机，推动与周边省份跨区域协同发展，辐射带动全省氢能和新能源产业融合发展。

横向“白城－长春－延边”与纵向“哈尔滨－长春－大连”氢能走廊：横向上，在“白松长通至辽宁”“长吉珲”双通道基础上，与现有服务区内的加油站相结合，沿线布局制氢、加氢基础设施，研究制定氢能配套设施建设发展规划，开展氢能源综合补给站示范项目；纵向上，向北承接哈尔滨商业带，向南连接大连经济区，联合推进氢能装备生产制造和示范应用，布局加氢基础设施，形成空间贯通的东北三省氢能产业链和供应链体系，降低氢能全生命周期成本，有效带动吉林省氢能产业的快速发展。同时，在横纵氢能走廊基础上建立更加立体的氢能全域网络，联接四平、白山、通化、辽源等市，带动全省各地区氢能产业稳步发展。

四大氢能产业基地：一是吉林西部国家级可再生能源制氢规模化供应基地。依托白城－松原绿电资源丰富、可再生能源制氢技术成熟等优势，打造氢能供应体系，突破氢能制储输等关键核心技术，促进清洁能源高效化利用。二是长春氢能装备研发制造应用基地。借助中韩（长春）国际合作示范区与长春国际汽车城发展布局，开展质子交换膜电解水制氢和燃料电池相关设备研发与制造，构建燃料电池整车及核心零部件研发、生产体系，推动质子交换膜（PEM）电解水设备、燃料电池关键零部件、电堆与系统集成、氢内燃机研发、整车制造等技术加快突破。加强省内碳纤维产业联动和优势成果转化，推动碳纤维储氢装备研发制造。三是吉林中西部多元化绿色氢基化工示范基地。以吉林市、白城市、松原市化工产业为基础，开展“绿色吉化”（氢基化工）类项目示范，构建多元化氢源供应及碳纤维材料等行业辅助体系，扩展化工产业业务版图。四是延边氢能贸易一体化示范基地。依托吉林延吉国际空港经济开发区，建设氢能产业聚集区；发挥珲春口岸优势，探索氢能相关装备及能源出口合作，建立区域氢能交易市场。

（二）发展目标。

近期（2021—2025年）：逐步构建氢能产业生态，产业布局初步成型，产业链逐步完善，产业规模快速增长。到 2025 年底，打造吉林西部国家级可再生能源制氢规模化供应基地、长春氢能装备研发制造应用基地，逐步开展横向“白城 – 长春 – 延边”氢能走廊建设。开展可再生能源制氢示范，形成可再生能源制氢产能达 6–8 万吨 / 年。探索天然气掺氢技术示范应用。试点建设“绿色吉化”项目，建成改造绿色合成氨、绿色甲醇、绿色炼化产能达 25–35 万吨；超前布局基础设施，2025 年建成加氢站 10 座；氢燃料电池汽车运营规模达到 500 辆；试点示范氢燃料电池在热电联供、备用电源的应用。引进或培育 3–4 家具有自主知识产权的氢能装备制造企业、燃料电池系统及电堆生产企业，其中，龙头企业 1 家，推动全产业链“降成本”。2025 年氢能产业产值达到 100 亿元。

中期（2026—2030 年）：全省氢能产业实现跨越式发展，产业链布局趋于完善，产业集群形成规模。到 2030 年，持续强化和发挥吉林西部国家级可再生能源制氢规模化供应基地、长春氢能装备研发制造应用基地引领作用，推进吉林中西部多元化绿色氢基化工示范基地、延边氢能贸易一体化示范基地建设。加快“白城 – 长春 – 延边”“哈尔滨 – 长春 – 大连”氢能走廊建设，初步建成全省立体氢能网络。可再生能源制氢产能达到 30–40 万吨 / 年，建成加氢站 70 座，建成改造绿色合成氨、绿色甲醇、绿色炼化、氢冶金产能达到 200 万吨，氢燃料电池汽车运营规模达到 7000 辆。加大氢燃料电池在热电联供、备用电源、应急保供、调峰、特种车辆上的应用。引进或培育 5 家燃料电池电堆及零部件企业，推动产业链重点环节产品自主化，其中，龙头企业 3–5 家。氢能产业产值达到 300 亿元。

远期（2031—2035 年）：将我省打造成国家级新能源与氢能产业融合示范区，在氢能交通、氢基化工、氢赋能新能源发展领域处于国内或国际领先地位，成为全国氢能与新能源协调发展标杆和产业链装备技术核心省份，“一区、两轴、四基地”发展格局基本形成，氢能资源网格化布局延伸全域，提升通化、白山、延边等地资源开发利用水平。依托延边氢能贸易一体化示范基地，“哈尔滨 – 长春 – 大连”氢能走廊，开展相关能源化工产品和装备向国内外销售，打造国内氢基产品贸易增长极。可再生能源制氢产能达到 120–150 万吨 / 年，建成加氢站 400 座，建成改造绿色合成氨、绿色甲醇、绿色炼化、氢冶金产能达到600万吨，氢燃料电池汽车运营规模达到7万辆。氢能产业产值达到1000亿元。

吉林省氢能产业规模目标

		单位	2025年	2030年	2035年
制氢规模	可再生能源制氢产能	万吨/年	7	30–40	120–150
交通应用	加氢站	座	10	70	400
	氢燃料电池车辆	辆	500	7000	70000
	用氢规模	万吨	0.2	2	22
化工应用	绿色合成氨产能	万吨/年	30	100	240
	绿色甲醇产能	万吨/年	5	10	50
	绿色炼化产能	万吨/年	—	80	250
	用氢规模	万吨	6	25	53
冶金应用	氢冶金产能	万吨/年	—	10	60
	用氢规模	万吨	—	2	10
供暖、储能	用氢规模	万吨	0.8	8	40
产业规模	氢能产业链产值	亿元	100	300	1000

四、重点任务

（一）实施风光消纳规模制氢工程。

加快推进可再生能源制氢项目建设，提高氢源保障。加快推进长春、白城、松原可再生能源电解水制氢项目建设，保障重点示范项目氢气需求。鼓励大型能源企业布局风光氢储一体化示范项目，推动一批基地项目开工。支持用氢企业和供氢企业签订中长期交易协议，初步形成区域氢能供应能力。

推进新型电解水制氢项目试点示范，提升耦合能力。积极在白城、松原、长春等地推动质子交换膜（PEM）、固体氧化物电解水耦合制氢技术研发和产业化进程，提高各类技术匹配集成水平，同步开展试点示范，提高制氢效率，强化可再生能源消纳能力，推动电解水制氢技术加快迭代和降本。

探索全域协同制氢赋能新发展模式，打造发展样板。结合我省“陆上风光三峡”新能源建设需求，大规模开展氢能在可再生能源消纳、电网调峰等场景技术应用；结合我省东部地区抽水蓄能工程，探索培育“风光发电＋氢储能＋抽水蓄能”一体化应用新模式，构建稳定高效可再生能源制氢体系，将全省打造成国家级新能源与氢能产业融合示范区。

依托绿电交易探索省内电力跨市制氢，优化氢源配置。积极推进省内电力主干网架建设，增强跨市绿色电力和氢能优化配置能力，探索绿电制氢交易机制，推动吉林市、通化市等受电地区布局制氢项目，提升可再生能源制氢能力和辐射范围，降低各地用氢成本，支撑本地化工、钢铁转型需求。

（二）实施工业领域规模用氢工程。

开展可再生能源制氢合成氨示范，初步打造绿色化工产业。有效结合白城、松原化工园区环境容量、资源承载度、产业基础、社会经济效益等情况以及可再生能源制氢资源优势，推动可再生能源制氢合成氨一体化示范项目建设。加快开拓氨下游产业链相关产品应用，加强跨省跨区域需求挖掘。

建设二氧化碳耦合可再生能源制氢试点，打造绿色循环示范标杆。整合高浓度二氧化碳尾气资源，结合园区规划布局和相关企业工艺特点，支持发展风电及光伏制氢，耦合尾气碳捕集工艺，建设二氧化碳耦合可再生能源制氢制绿色甲醇、耦合绿色合成氨制尿素示范工程，打造“风光氢氨醇”绿色循环产业园。

建设国际领先氢基化工产业基地，打造可再生能源制氢高价值应用。依托不断完善的储运网络，对吉林市、松原市等地甲醇、合成氨、炼化等现有产能开展可再生能源制氢替代，助力化工产业深度脱碳。在白城市、松原市、延边州等地推动医药制剂、食品加工等涉氢精细化工产业落地。在我省西部大型粮食基地、果蔬种植基地积极拓展氢基化工相关产品在农业种植等领域的相关应用。

推动吉林省钢铁行业绿色低碳转型，打造差异化优势。积极引进国内氢能冶金领先技术团队，探索氢能冶炼技术推广应用。鼓励省内大型钢铁企业开展氢冶金示范，探索建设近零排放的氢冶金钢铁工艺示范项目，实践绿色低碳氢冶金新技术、新工艺，助力我省钢铁行业向绿色低碳转型。

（三）实施多元应用生态构建工程。

1. 推动交通领域氢能应用。

开展氢能公交、物流车、观光车为主的道路交通应用。在长春、白城、延边等地区主城区投放氢燃料电池公交车，在化工园区、氢能示范区投放氢燃料电池通勤车，加速初期推广应用。依托重点物流企业，示范运行一批氢燃料电池厢式运输车，试点示范氢燃料电池重卡。在冰雪旅游等度假区、景区投放氢燃料电池旅游观光车等。推动氢燃料电池在特殊场景的多元化应用示范。充分发挥氢燃料电池无人机续航优势，优选农田、森林、山地等示范区域，开展氢燃料电池无人机在电网检修、森林巡检等方面的示范应用。加速氢燃料电池在农机、工程等特种机械上的推广应用，提高应用经济性。

推动氢燃料电池车在城际、省际客运货运等场景应用。在横向“白城－长春－延边”和纵向“哈尔滨－长春－大连”两条氢能走廊打通的基础上，开展氢燃料电池大巴、物流车和重卡在城际与省际客运与货运。超前研发并投放一批氢燃料电池市内轨道交通，在长春市探索发展氢燃料电池有轨电车，打造白城－长春示范城际氢能交通项目。

试点探索氢燃料电池乘用车应用，扩大示范应用规模。发挥汽车龙头企业技术研发和产业化优势，根据场景需求情况，通过公开招标等形式，投放一批氢燃料电池乘用车作为固定线路的政府和企业公务用车。开展公众试乘试驾，提升公众接纳程度，创造良好社会舆论环境。推动首辆搭载氢内燃机乘用车下线运行，为后续商业化运营积累相关经验。

推动氢燃料电池汽车对传统燃油汽车的逐步替代。以打造氢能应用先行区、示范城市、无燃油车园区等为目标，在政府公务用车、企业用车、出租车、网约车和私家车等领域，大力推进氢燃料电池车替代。鼓励将氢燃料电池车纳入政府采购范围，支持相关企业开发新商业模式，促进氢燃料电池车行业规模化发展。

2. 推动加氢服务网络建设。

围绕重点城市打造加氢网络，优化初期示范保障。根据氢燃料电池车推广进度，在白城、长春、延边等地区优先建设示范加氢站，并具备弹性扩展能力。加速推动可再生能源制氢加氢一体化示范等项目落地，形成可再生能源制氢加氢一体站推广模式。探索新型加氢基础设施建设，加速加氢站点覆盖。鼓励利用现有加油、加气站点改扩建加氢设施，提高基础设施共享水平。依托白城、吉林化工园区，长春市政、物流园区、吉林延吉国际空港经济开发区应用场景，试点探索分布式风光制氢加氢一体站等技术路线，总结运营情况。

持续完善各地加氢站覆盖，保障各场景用氢需求。在白城、松原、长春、延边等先发地区持续超前布点，提高加氢网络密度；东部、南部地市加速覆盖，依托旅游、物流等场景落实加氢网络覆盖，保障服务能力。

在省际和城际间高速布局，加强区域间氢能合作。沿横纵“两轴”推动形成加氢网络，满足跨区物流、客运、私家车出行加氢需求。结合我省地理位置优势，依托氢能城际和省际交通示范项目，加强区域间合作，连接辽宁省和黑龙江省向南、北两个方向沿途布局加氢站项目。

3. 推动能源领域氢能应用。

试点示范氢燃料电池供电供热，提高灵活保障能力。以化工园区为应用场景，推广氢燃料电池在固定式发电方面的试点应用，实现氢电高效协同；依托白城北方云谷建设工程，探索使用氢燃料电池进行备用发电，积极鼓励本地企业在新建和改造通讯基站工程中，优先采购氢燃料电池作为通信基站备用电源。试点示范燃氢轮机，探索煤掺氨燃烧，扩大氢燃料化应用。

强化省内新建燃气轮机项目与氢能产业发展协同，推动省内新建燃气轮机具备掺氢运行能力，并率先示范；探索省内煤电机组掺氨改造，与可再生能源制氢合成氨联动，扩大氨本地消费市场；探索城镇天然气管网掺氢试验示范。

开展氢储能在电力储能调峰领域应用，促进规模化消纳。在风光资源丰富的白城、水电资源丰富的白山等地区建设大中规模以上氢储能系统和氢能调峰电站，助力形成氢能、抽水蓄能、电化学储能等多种储能技术相互融合的电力系统储能体系，实现氢能多元化赋能可再生能源消纳。探索大型风光新能源基地风电、光伏、制氢、燃机调峰（掺氢）多元互补的自我平衡、自我调节型外送基地建设模式。

开展氢能清洁供暖示范项目工程，降低消费端排放。与燃气企业及供暖企业合作，在可再生能源制氢基地附近试点示范天然气掺氢供气、氢电耦合锅炉供暖、热电联供等项目工程。在确保安全和采暖需求等基础上，逐步推广覆盖全省。

（四）实施高效便捷氢能储运工程。

构建高效便捷的高压气氢储运体系，满足先发需求。跟踪长春、白城等省内先发重点区域发展，发挥高压气氢储运机动灵活、适合短距离运输的优势，扩大高压气氢储运车队，做好氢源与终端需求的衔接。逐步推进30兆帕氢气长管拖车示范，降低高压气氢储运成本，满足更多地区用氢需求。有序开展多元化储运技术应用探索，打通横向走廊。积极推进绿氨为载体的氢气储运技术示范运行，探索开展“白城–延边”绿氨储运示范。探索有机液态储氢、低温液氢技术示范，提高运输半径和运输效率。在白城市、松原市率先开展天然气掺氢试点示范，探索在工业园区等天然气管网支线5%–20%掺氢项目建设，探索纯氢输运管线试点建设。

形成省内网格化气氢储运体系，提高储运灵活性。探索45兆帕压力等级长管拖车，提升道路储运储氢质量密度，进一步扩大氢气输送半径；依托逐渐覆盖全域的氢源点，高压气氢储运车队规模超过150辆，形成省内网格化储运体系，满足各地氢能利用经济性和灵活性需求。

建设高水平液氢、液氨储运项目，打造多元化输运。统筹可再生能源制氢项目部署进度，推动液氢规模化应用，在白城、松原等地区建设高水平液氢基地，提升道路规模化氢能运输能力，氢气液化电耗和百公里运氢成本大幅下降。依托现有铁路网络，打造横向贯通的液氨运输通道，形成立体化液氢、液氨输运模式。

逐步推进纯氢、掺氢网络成型，具备跨区输送应用能力。探索谋划吉林西部可再生能源基地到省内重点化工、冶金园区，以及园区间的纯氢、掺氢管线，提升互联互济能力。探索中俄天然气骨干管网、吉林跨区主要干支线掺氢输送项目可行性并试点推广，适时扩展输运能力并辐射东三省、东北亚区域。

（五）实施装备制造产业发展工程。

推动电解槽和氢能车辆装备企业落地，初步构建氢能装备产业链。持续推进国内行业领先的电解槽制造企业引入工作，夯实大容量、低成本制氢装备生产基础。针对适应新能源出力波动工况等发展需求，实现省内质子交换膜（PEM）电解槽自主化、规模化生产，补强 PEM 电解水制氢技术水平和设备生产能力。优化稳固燃料电池整车及系统产业基础，布局燃料电池发动机、燃料电池电堆、氢能燃料内燃机 3 大技术平台，形成规模化、自主化氢能动力及整车生产组装能力。

加快形成先进装备制造产业集群，逐步推进配套能力建设。重点引入影响力大、产业链辐射广的氢能相关优势企业，充分发挥产业链集聚的虹吸效应，带动氢能装备产业集群扩大与发展。加强省内碳纤维产业联动和优势成果转化，推动 70 兆帕碳纤维Ⅲ型及Ⅳ型高压车载储氢装备招商引资和研发制造。吸引双极板、膜电极、质子交换膜、氢气循环泵、空气压缩机等原材料及零部件企业融入成套装备生产体系。引育高压气氢、液氢等储运装备企业，推进氢液化与储运系列生产线建设，推动 70 兆帕Ⅲ型及Ⅳ型高压车载储氢技术装备、30 兆帕气氢运输长管拖车的发展，打造高效便捷储运体系。

依托装备基地加快补链强链，形成上中下游配套产业体系。加强装备基地与产业先发地区的引育力度，贯通产业链条重点环节；加大政策倾斜吸引配套，鼓励配套技术、设备、产品投资商和配套服务商进入，逐步扩展配套产业集群，打造氢能装备产业链基地。

开展高水平产业链合作，打造产业发展内循环。加强省内氢能制、储、运、用产业链各环节行业领先企业与科研机构的合作，打造可再生能源制氢、氢能车辆及零部件产业链项目与示范区，形成吉林省和东北地区氢能产业发展内循环。

推动自主化氢能装备出口，开拓国际市场外循环。持续提升氢能装备制造水平，规模化提高产能，形成自主核心竞争力。辐射东北亚地区，实现电解槽、氢燃料汽车零部件及整车向日本、韩国、俄罗斯等国出口，形成氢能装备产业发展外循环。

（六）实施氢能技术机制创新工程。

搭建氢能产业科研创新平台，凝聚发展动能。推动中科院长春应化所和吉林大学等省内科研机构、知名高校、相关企业联合组建省级氢能综合研究院，合力搭建科研平台，加快集聚人才、技术、资金等创新要素。加速我省氢能关键核心技术研发，构建协同共享的创新网络，推动产学研深度合作，实现氢能科技项目成果转化高质量高效率实践应用。

搭建产业大数据服务平台，助力氢能协同创新。在全省范围内建设覆盖氢能全产业链智慧大数据服务平台，将氢能供应链信息和产业链信息有效结合，服务于氢能全产业协同发展。利用数据平台挖掘氢能项目成果转化潜力，推动氢能科技项目成果落地实施，制定有关政策推动企业孵化的质量和效率。建立氢能检测服务体系，夯实产业发展基础。协同省内国家级质检中心、产业计量测试中心和技术标准创新基地，针对燃料电池、电解槽等系统装备在线状态监测故障诊断以及容错控制技术、燃料电池对标测试等氢能检测服务技术展开研究，逐步建立氢能检测服务体系，推动开展全国质量基础设施一站式服务试点，构建具有业内一流水平的氢能与燃料电池产品检测服务体系。

产学研协同发力降低创新成本，加速成果转化。聚焦氢能产业关键环节，支持高校、科研院所加快建设重点实验室、前沿交叉研究平台，构建多层次、多元化创新平台，开展灵活高效新型电解水制氢技术研发。鼓励企业建设氢能研发创新平台，培育一批拥有自主知识产权、竞争力较强的创新型企业。建立氢能中小企业创新孵化与加速平台，为创业团队提供咨询、融资、培训等系统化服务，降低企业创业风险和成本，助力相关企业做大做强。

争取国家技术创新中心和实验室落地，提高创新能力。持续推进氢能产业科研创新平台等核心科技创新平台建设，积极对接科技部、中科院、工程院，推动氢能及燃料电池领域创建一批国家重点实验室、国家技术创新中心等，推动国家级科研机构在我省设立氢能相关分支机构。

专栏 2 六项重点任务	
实施风光消纳规模制氢工程	推动吉林西部白城、松原地区可再生能源就地制氢、分级消纳，实现可再生能源制氢规模化发展，打造吉林西部国家级可再生能源制氢规模化供应基地，实现风光规模化消纳。在全省范围内推动氢能按需制取和应用示范。2025 年形成可再生能源制氢产能 6–8 万吨 / 年，2035 年达 120–150 万吨 / 年。
实施工业领域规模用氢工程	以构建清洁低碳安全高效的能源体系为出发点和落脚点，依托可再生能源制氢资源，推动化工、炼化、钢铁等产业低碳转型，拓展可再生能源制氢的规模化应用，打造区域乃至国内具有成本优势、特色鲜明的氢基化工和氢冶金产业链，培育区域经济新增长点。2025 年工业用氢需求达 6 万吨，2035 年达 63 万吨。
实施多元应用生态构建工程	推动交通领域氢能应用。随着氢燃料电池技术逐步成熟，逐步拓展至乘用车、重卡、工程机械、农用机械等领域，构建吉林省氢、站、车为一体的氢能零碳交通体系，引领交通低碳化发展。2025 年交通用氢需求达 0.2 万吨，2035 年达 22 万吨。 拓展氢能在不同用能场景的应用，减少全生命周期成本，提升氢能和其他品类能源的使用效率和效益。2025 年供暖、储能用氢需求达 0.8 万吨，2035 年达 40 万吨。 整合社会资源、创新商业模式，加快推进“两轴多点”加氢基础设施建设，逐步建成覆盖吉林省、辐射东北地区的加氢服务网络。2025 年全省建成加氢站 10 座，2035 年建成加氢站 400 座。
实施高效便捷氢能储运工程	立足吉林，面向东北，贯通两轴，辐射东北亚，以智慧赋能支撑现代氢气储运体系建设，联动优化氢能基础设施布局，有序对接全省各地氢能产业链条和市场消费需求，为氢能规模化商业化应用奠定基础。2025 年打通区域型重要储运通道，2035 年建成横纵贯通、网格化、多层次的高效氢储运网络。
实施装备制造产业发展工程	积极构建集氢能装备生产、研发、应用的产业体系，创新合作模式、实现联动发展，力争在可再生能源制氢、氢能车辆及零部件等领域取得重大突破，推动 70 兆帕Ⅲ型及Ⅳ型高压车载储氢技术装备、30 兆帕气氢运输长管拖车的发展，逐步覆盖氢能装备产业链重点环节。
实施氢能技术体制创新工程	促进产业链和创新链深度融合，推动氢能产业迈向价值链中高端。有效整合各类科技创新资源，为吉林省氢能产业发展提供持续动能。建立涉氢特种设备安全保障体系，推动成立氢能储运产品质量国家质检中心，保障氢能产业发展安全。

五、保障措施

（一）加强组织协调。建立吉林省氢能产业发展顶层协调机制。成立省直相关部门共同参与的氢能产业省级领导机构，完善工作机制，明确职责分工，推动解决氢能产业发展中的重大问题。针对重点氢能项目，设立氢能项目推进协同专项工作组，采取“一项一组”模式，层层压实项目责任，推进应用示范项目建设。

（二）构建政策体系。完善产业配套发展政策。借鉴国内先发城市经验，以规划为基础，围绕氢能规范管理、基础设施建设运营管理、关键核心技术装备创新、氢能产业多元应用试点示范等，完善氢能产业相关政策与标准体系，研究制定配套措施，形成“1+N”政策体系，充分发挥政策引导作用，创造良好的氢能产业发展环境。

（三）加大扶持力度。研究制定相关产业化推进措施、科技攻关、安全监管办法、车辆运营及道路运输支持等政策，统筹运用现有各类专项资金，重点在氢能技术攻关、平台搭建、加氢站建设、示范应用、燃料电池车推广等方面予以支持，对于先进氢能产业项目，优先列入省、市重点项目计划。鼓励各市（州）加大公共服务、物流配送等领域燃料电池汽车的应用，并出台相关支持政策。积极利用现有省级政府投资基金，充分发挥政府投资基金的引导作用，撬动社会资本投入。

（四）创新发展模式。积极吸引社会资本投资，重点支持应用场景构建、车辆推广融资租赁、多能耦合联供等商业模式，发挥政府、金融机构和社会民间资本的作用，激发下游氢能应用企业贡献力量。营造有利于氢能企业发展的营商环境，降低在产业发展初期企业的投资和成本压力，加快氢能全场景推广应用。

（五）加大人才引育。在人才引进、培养、激励、服务等方面给予政策保障，吸引氢能产业领军人才来吉创新创业。全面推进产学研一体化合作，推动企业设立专项人才引育基金，鼓励氢能企业通过“传帮带”的人才培育模式精准培育所需高技能人才，鼓励高校和科研院所等机构参与高水平科研创新平台建设，依托科研创新平台培养氢能产业相关领域人才。

加强氢能职业教育，支持依托行业组织推动职业院校与省内龙头企业合作，培育职业人才。

（六）强化产业融合。强化产业链优势企业之间的协同与合作。鼓励促进氢能、燃料电池、整车等环节优势企业在技术攻关、产品联合开发、推广应用等方面开展合作，以强强联合方式实现高质量技术创新和产品创新。营造开放合作、市场统一的产业环境。打破行政区划、地方保护等壁垒，促进优势城市、区域的市场交流和优势企业跨区域合作，打造全省推广应用的统一大市场。保障优质资源和产业要素资源流动，鼓励产业创新。

（七）加强舆论引导。鼓励氢能相关企业、科研院所开展多种形式的科普宣传，积极引导消费者体验氢能技术产品，提升消费者对氢能利用的认可程度，形成有利于氢能产业发展的良好社会氛围。

广东省加快氢能产业创新发展的意见

为推动我省氢能产业创新发展，构建绿色低碳产业体系，培育经济发展新动能，根据《氢能产业发展中长期规划（2021—2035年）》《广东省能源发展“十四五”规划》《广东省加快建设燃料电池汽车示范城市群行动计划（2022—2025年）》等政策，结合我省实际，经省人民政府同意，提出以下意见。

一、总体要求

（一）指导思想。坚持以习近平新时代中国特色社会主义思想为指导，全面贯彻落实党的二十大精神，完整、准确、全面贯彻新发展理念，构建新发展格局，贯彻“四个革命、一个合作”能源安全新战略，抢占未来产业发展先机，以建设国家燃料电池汽车示范城市群为重要抓手，以示范应用为牵引，提升氢能产业创新能力，扩大产业规模，统筹产业布局，建设完备的氢气“制、储、输、用”体系，规范氢能产业有序发展，为构建清洁低碳、安全高效的能源体系作出广东努力、广东贡献。

（二）发展目标。到2025年，氢能产业规模实现跃升，燃料电池汽车示范城市群建设取得明显成效，推广燃料电池汽车超1万辆，年供氢能力超10万吨，建成加氢站超200座，示范城市群产业链更加完善，产业技术水平领先优势进一步巩固，氢气供应体系持续完善，应用场景进一步丰富，产业核心竞争力稳步提升。

到2027年，氢能产业规模达到3000亿元，氢气“制、储、输、用”全产业链达到国内先进水平；燃料电池汽车实现规模化推广应用，关键技术达到国际领先水平；氢能基础设施基本完善，氢能在能源和储能等领域占比明显提升，建成具有全球竞争力的氢能产业技术创新高地。

二、加大氢能关键核心技术攻关

（三）加强关键核心技术研发。组织实施氢能产业科技成果回溯计划，加快突破关键核心技术短板。重点突破氢气“制、储、输、用”环节关键技术，加大高效率低成本电解水制氢、长距离大规模储运、加氢站关键设备等装备技术攻关力度。加强燃料电池关键材料技术创新，不断提高关键零部件技术创新和产业化水平，持续提升燃料电池可靠性、稳定性、耐久性，进一步提升电堆功率密度。（省科技厅负责）

（四）加快推进氢能产业创新平台建设。发挥省实验室等高水平科研机构技术创新优势，重点支持骨干企业创建产业创新中心、工程研究中心、技术创新中心、制造业创新中心、检验检测中心等创新平台。省财政对经认定的国家级创新平台依法依规给予支持。（省科技厅、发展改革委、工业和信息化厅、市场监管局负责）

（五）加大研发支持力度。统筹用好国家和省级资金支持燃料电池汽车关键零部件技术创新和产业化。按事后奖补形式，对为广东获得国家示范城市群考核“关键零部件研发产业化”积分的企业给予财政资金奖励，参照国家综合评定奖励积分，原则上每 1 积分奖励 5 万元，每个企业同类产品奖励总额不超过 5000 万元。落实省级首台（套）重大技术装备研制与推广应用政策，对研制生产并实现销售的重大技术装备依法依规予以资金支持。（省发展改革委、工业和信息化厅、科技厅、财政厅负责）

（六）创新科技专项支持方式。在省重点领域研发计划中实施新型储能与新能源专项，设立专题支持氢能领域前沿技术研发。完善科技专项资金支持方式，采取公开竞争、“揭榜挂帅”等多种形式设立研发项目，对标国际领先水平，以产业化为导向确定研发目标，支持龙头企业牵头开展燃料电池关键零部件、氢能关键装备、新材料研发和产业化。（省科技厅负责）

三、加快完善氢气供应体系

（七）大力发展电解水制氢。加快提高电解水制氢装备转化效率和单台装备制氢规模，突破制氢环节关键核心技术。鼓励加氢站内电解水制氢，落实蓄冷电价政策，推动利用用电谷段电解水制氢。支持发电企业利用低谷时段富余发电能力在厂区建设可中断电力电解水制氢项目和富余蒸汽热解制氢项目。（省发展改革委、住房城乡建设厅、能源局，广东电网

公司，各地级以上市政府负责）

（八）有效利用工业副产氢。以东莞、广州、珠海、茂名、韶关为重点，利用丙烷脱氢、焦化煤气等工业副产氢资源，采用先进技术，实现高纯度工业副产氢规模化生产。支持东莞巨正源、珠海长炼、广州石化、茂名石化、韶钢等企业提升氢气充装能力，加大工业副产氢经济有效供应，降低车用氢气成本。（省发展改革委、工业和信息化厅，相关地级以上市政府负责）

（九）持续推进可再生能源制氢。鼓励开展海上风电、光伏、生物质等可再生能源制氢示范，加强海水直接制氢、光解水制氢等技术研发，拓展绿氢供给渠道，降低制取成本。（省能源局、发展改革委、科技厅，相关地级以上市政府负责）

四、统筹推进氢能基础设施建设

（十）稳步构建氢能储运体系。重点发展“高压气态储氢＋长管拖车”运输模式，逐步提高高压气态储运效率，降低储运成本，提升高压气态储运商业化水平。推动低温液氢储运产业化应用，探索固态、深冷高压、氨氢、有机液体等储运方式应用。稳妥推进天然气掺氢管道、纯氢管道等试点示范。逐步构建高密度、轻量化、低成本、多元化的氢能储运体系。（省能源局、发展改革委、科技厅，各地级以上市政府负责）

（十一）加快推动加氢站建设。统筹加氢站规划布局，适度超前建设加氢基础设施。加快出台加氢站建设管理政策，明确加氢站建设相关手续，完善加氢站建设管理体系。鼓励现有加油加气站改扩建制氢加氢装置，鼓励新布点加油站同步规划建设加氢设施，加快布局油氢合建综合能源补给站。积极对接国家氢能高速公路综合示范线建设，科学规划建设氢走廊，优先在珠三角骨干高速公路、国道沿线建设加氢站，具备加氢设施建设条件的高速公路主干线服务区原则上应在“十四五”期间建设加氢设施，支撑省内燃料电池货运车辆中远途运输。积极推动氢能产业园、钢铁厂区、港口码头等应用场景丰富的地区建设加氢站。（省住房城乡建设厅、发展改革委、交通运输厅、自然资源厅、能源局，各地级以上市政府负责）

（十二）逐步降低用氢成本。统筹用好国家燃料电池汽车示范城市群建设“氢能供应”奖励资金，在城市群示范期内，对加氢站终端售价2023年底前低于35元/公斤、2024年底前低于30元/公斤的电解水制氢加氢一体化站，按照氢气实际销售量10元/公斤的标准奖励给加氢站，每站补贴不超过500万元，奖补总金额不超过国家奖补资金。加氢站终端售价2023年底前高于35元/公斤、2024年底前高于30元/公斤的，数据未接入国家及省燃料电池汽车示范城市群信息化平台，各级财政均不得给予补贴。（省发展改革委、财政厅，各地级以上市政府负责）

五、推动燃料电池汽车规模化推广应用

（十三）全面推进重型货运车辆电动化。推动珠三角各市重载货运车辆、工程车和港口牵引车的电动化转型，力争到2027年新增车辆基本实现电动化，推进珠三角地区交通行业减排降耗，改善珠三角生态环境。探索省内燃料电池汽车便利通行机制，适当放宽燃料电池重载货运车辆市区通行限制，探索实行省内部分高速公路实行差异化收费等优惠措施。（省发展改革委、公安厅、生态环境厅、交通运输厅，各地级以上市政府负责）

（十四）推动物流运输车辆电动化。鼓励各市设定绿色物流区，放宽燃料电池物流车通行限制，支持大型物流企业、电商企业建设氢能物流园。鼓励省内燃料电池汽车产业链企业与重点物流企业等合作，通过搭建燃料电池汽车运营平台等方式批量化集中采购，降低车辆购置成本，推动燃料电池物流车规模化使用。适当放宽燃料电池冷链物流车市区通行限制，提高燃料电池冷链物流车路权，探索停车优惠等支持措施。（省发展改革委、公安厅、交通运输厅，各地级以上市政府负责）

（十五）优先推动典型示范场景应用。率先在金晟兰钢铁、东海钢铁、韶钢等大型钢铁企业推广燃料电池重载货运车辆应用，在广州南沙港、深圳盐田港等港口码头推广燃料电池港口牵引车应用，推动在环卫、混凝土、渣土等城建运输领域的应用。重点完善广深、广佛、广韶、深汕高速公路沿线氢能基础设施建设，推动燃料电池汽车在钢铁、水泥、玻璃、工

业固废、建材、冷链物流、综合货运等领域城际运输的示范应用。（省发展改革委、公安厅、交通运输厅，有关地级以上市政府负责）

（十六）加大燃料电池汽车推广应用力度。统筹使用各级财政资金，对满足国家综合评定奖励积分要求的前1万辆车辆（2021年8月13日后在广东城市群内登记上牌的车辆，2021年8月13日前登记上牌的车辆按此前国家和省相关要求执行），数据已接入国家及省燃料电池汽车示范城市群信息化平台，且不少于5项关键零部件在示范城市群内制造，按照燃料电池系统额定功率补贴3000元/千瓦（单车补贴最大功率不超过110千瓦，最小功率不低于50千瓦）。对完成1万辆推广目标后的补贴标准另行制定。车辆推广应用补贴资金由中央奖励资金、省级奖励资金、市县（市、区）级奖励资金按照1∶1∶1比例安排，每个考核年度结束后3个月内完成推广车辆补贴申报（申报主体由各市自行认定），国家年度考核完成后，省、市两级尽快完成补贴资金发放。（省发展改革委、财政厅，有关地级以上市政府负责）

六、积极开展氢能多元化示范应用

（十七）有序推进在交通其他领域示范应用。加快推动交通领域电动化，稳步扩大氢能在轨道交通、船舶、航空器、无人机等交通领域的示范应用。（省发展改革委、工业和信息化厅、交通运输厅，广东海事局，有关地级以上市政府负责）

（十八）积极开展储能领域示范应用。积极探索可再生能源发电与氢储能相结合的一体化应用模式，将氢储能纳入新能源配储范畴，在大容量深远海海上风电资源富集区域，开展海上风电制氢示范。支持能源电力企业布局基于分布式可再生能源或电网低谷负荷的储能/加氢一体站。积极开展重点地区规模化部署电解水制氢储能，提高可再生能源消纳利用水平。（省能源局、发展改革委，广东电网公司，有关地级以上市政府负责）

（十九）拓展氢能在发电领域示范应用。因地制宜布局燃料电池分布式热电联供设施，建设固体氧化物燃料电池（SOFC）发电系统，推动在社区、园区、矿区、港口等区域内开展氢能源综合利用示范。鼓励结合新建和改造通信基站工程，开展燃料电池通信基站备用电源示范应用。支持在粤港澳大湾区全国一体化大数据中心国家枢纽节点建设燃料电池分布式发电站，保障电力供应。（省能源局、发展改革委，广东电网公司，有关地级以上市政府负责）

（二十）探索氢能在工业领域的应用。支持宝武钢铁等大型钢铁企业开展以氢作为还原剂的氢冶金技术研发应用，探索氢能替代化石能源提供高品质热源的应用。依托现有用氢集中的石化、化工项目，增加制氢装置，耦合碳捕获、利用与封存（CCUS）技术，延伸到合成氨、合成甲醇等下游终端化工产品，引导产业向低碳、脱碳工艺转变。（省发展改革委、工业和信息化厅、生态环境厅，有关地级以上市政府负责）

七、优化氢能产业发展环境

（二十一）加快培育壮大氢能企业。鼓励氢能产业链上下游企业协同，大力提升产业链整合能力，支持建设氢能领域专业孵化平台和园区，重点培育技术先进、前景良好、竞争力强、发展速度快的相关产业链环节企业。支持符合条件的氢能企业申报争创专精特新“小巨人”、制造业“单项冠军”等称号。（省工业和信息化厅、科技厅、发展改革委，各地级以上市政府负责）

（二十二）加大优质企业招商引资力度。围绕氢能产业链招商数据库，细化招商目标企业清单，强化以商招商、以链招商、以侨招商、靶向招商，积极引进一批氢能高水平创新型企业、服务机构和产业辐射带动能力强的重大产业项目。利用好广交会、进博会、高交会、投洽会及粤港澳大湾区全球招商大会等重大经贸活动平台，举办产业招商活动，吸引优质氢能项目在粤落地。对新引进具有核心技术、填补空白的氢能产业链项目，省发展改革委会同项目所在地政府研究落实支持政策。（省商务厅、发展改革委、工业和信息化厅、国资委，各地级以上市政府负责）

（二十三）加强国内外合作交流。充分利用国内市场优势，因势利导开展氢能科学和技术国际联合研发，开展高水平国际交流合作。鼓励企业开展产品碳足迹核算，使用绿电等清洁能源，提高企业绿色贸易能力和水平。持续办好中国氢能产业大会，支持高水平的国际技术峰会、学术论坛、技术成果展销会等行业交流活动，提升品牌影响力。（省商务厅、发展改革委、科技厅、工业和信息化厅、能源局，有关地级以上市政府负责）

八、加强全产业链安全管理

（二十四）明确安全保障及应急管理机制。严格落实氢能供给企业、燃料电池汽车生产和运营企业主要负责人安全生产主体责任，从源头上防范遏制安全生产事故发生。各地政府落实属地安全生产监管责任，推进涉氢企业安全风险分级管控。将氢能列入重点行业领域安全监测系统，实现对涉氢重点企业单位实时监控。（省应急管理厅、工业和信息化厅、住房城乡建设厅、交通运输厅、公安厅，各地级以上市政府负责）

（二十五）完善产品质量保障体系。强化燃料电池汽车生产企业产品质量主体责任，完善售后服务体系，加强对整车、关键零部件及加氢站设备的日常安全监管。（省市场监管局、工业和信息化厅、公安厅按职责分工负责）

（二十六）完善安全运行监控体系。建立使用单位安全生产责任制度，完善常规检查、操作规范、加氢规范和维修保养等措施。依托示范城市群运营监管平台，远程实时监控燃料电池汽车运行状态，多措并举确保安全运行。（省交通运输厅、住房城乡建设厅、公安厅、发展改革委、应急管理厅，各地级以上市政府负责）

（二十七）强化氢能供给安全保障。出台加氢站安全管理规范，制定各项安全生产规章制度和相关操作规程，定期开展安全评价。加强氢能供给环节应急处置能力建设，研究制定突发事件应急处理预案。引导保险机构围绕氢能企业需求，开发产品质量责任保险、产品质量保证保险等险种。支持有条件的地市为加氢站购买公共责任安全保险。加强安全科普宣传，提升公众对氢能应用安全性的认知。（省住房城乡建设厅、应急管理厅、能源局，国家金融监督管理总局广东监管局、国家金融监督管理总局深圳监管局，省科协，各地级以上市政府负责）

九、保障措施

（二十八）加强统筹协调。充分发挥广东燃料电池汽车示范应用城市群建设工作领导小组作用，强化部门协作和上下联动，协调解决氢能产业发展中的重大事项和重点工作，形成工作合力。充分发挥行业协会、科技联盟和服务机构的协调作用，打造支撑产业发展的高水平科技服务平台和高端智库。支持各地积极参与燃料电池汽车示范城市群建设。（省发展改革委、科技厅、工业和信息化厅，各地级以上市政府负责）

（二十九）加强人才保障。加快建立适应氢能产业发展需要的人才培养机制，围绕燃料电池、制氢储氢装备、新材料等领域开展人才扫描计划，加快从全球靶向引进高端领军人才、创新团队和管理团队，加大氢能领域战略科技人才、科技领军人才培育力度。依托龙头企业、高等院校、科研院所，加大氢能产业专业技术人才培养力度。开展氢能产教融合试点，加强省级氢能产教融合校外实践基地建设。加强氢能职业教育，支持企业和职业技术院校合作，建立技能型人才实训基地。鼓励各市在户籍、住房保障、医疗保障、子女就学、创新创业等方面对氢能产业人才给予优先支持。（省教育厅、科技厅、发展改革委、工业和信息化厅、人力资源社会保障厅，各地级以上市政府负责）

（三十）加强财政金融支持。统筹使用国家、省、市各级财政资金，重点支持燃料电池八大关键零部件及氢能关键装备技术创新和提升产业化能力、加氢站建设、氢气供应、燃料电池汽车购置补贴。支持省内非示范城市群内地市参照示范城市群奖励标准，制定燃料电池汽车奖励政策。加强银企对接合作，鼓励银行等金融机构为氢能企业提供绿色信贷支持，确定合理的授信权限和审批流程。鼓励发展供应链金融，推动融资租赁支持氢能项目设备采购。鼓励企业通过股权投资、发债、上市等市场化方式融资做大做强。（省财政厅、发展改革委、地方金融监管局，中国人民银行广东省分行、国家金融监督管理总局广东监管局、广东证监局、中国人民银行深圳市分行、国家金融监督管理总局深圳监管局、深圳证监局，各地级以上市政府负责）

广东省加快建设燃料电池汽车示范城市群行动计划（2022—2025年）

为推动广东省燃料电池汽车示范城市群建设，强化广东在全国燃料电池汽车产业发展中的引领示范作用，打造全国领先、世界一流的燃料电池汽车示范应用区和技术创新高地，制定本行动计划。

一、目标要求

到示范期末，实现电堆、膜电极、双极板、质子交换膜、催化剂、碳纸、空气压缩机、氢气循环系统等八大关键零部件技术水平进入全国前五，形成一批技术领先并具备较强国际竞争力的龙头企业，实现推广1万辆以上燃料电池汽车目标，年供氢能力超过10万吨，建成加氢站超200座，车用氢气终端售价降到30元/公斤以下，示范城市群产业链更加完善，产业技术水平领先优势进一步巩固，推广应用规模大幅提高，全产业链核心竞争力稳步提升。到2025年末，关键零部件研发产业化水平进一步提升，建成具有全球竞争力的燃料电池汽车产业技术创新高地。

二、重点任务

（一）推动产业集聚发展。

1. 提升产业链关键零部件研发产业化水平。以广州、深圳、佛山、东莞、中山、云浮为重点建设燃料电池汽车产业创新走廊，重点支持电堆、膜电极、双极板、质子交换膜、催化剂、碳纸、空气压缩机、氢气循环系统等八大关键零部件企业以及制氢、加氢、储运设备企业在省内进一步扩大生产能力，建设高水平自主化生产线，加快相关技术成果在省内形成产业化能力。对突破核心技术的重大产业链项目，省发展改革委会同项目所在地政府按照“一事一议”原则研究落实支持政策。（省发展改革委、科技厅、工业和信息化厅、商务厅，有关地级以上市政府负责）

2. 优化产业布局。坚持区域协同发展理念，在技术创新、产业链建设、氢能供给、车辆推广、政策制定等方面加强统筹协调，以广州、深圳、佛山燃料电池技术创新和产业高地为引擎，联动东莞、中山、云浮等关键材料、技术及装备研发制造基地，依托东莞、珠海、阳江等氢源供应基地，加快产业项目布局，推动形成产业集群。（省发展改革委、工业和信息化厅，有关地级以上市政府负责）

3. 培育产业发展新业态。推动燃料电池汽车产业与大数据、互联网、人工智能、区块链等新技术深度融合，支持打造氢能化、智能化物流运输与燃料电池汽车综合服务平台。支持燃料电池核心企业打造产业“数据中台”，鼓励企业开放平台资源，共享实验验证环境、仿真模拟等技术平台，推动产业链协同创新发展。（省发展改革委、科技厅，有关地级以上市政府负责）

（二）持续提升技术水平和创新能力。

4. 开展关键核心技术攻关。采取公开竞争、“揭榜挂帅”等多种形式设立研发项目，对标国际领先水平，以产业化为导向确定研发目标，重点支持龙头企业牵头开展燃料电池八大关键零部件技术创新和提升产业化能力。（省科技厅、发展改革委负责）

5. 支持前沿技术研发。“十四五”期间广东省重点领域研发计划“新能源汽车”和“新能源”等重点专项继续安排支持氢能及燃料电池前沿技术研发，增强技术储备。支持重点企业和高校科研院所联合建设若干国家及省级燃料电池高水平技术创新平台。（省科技厅、发展改革委、工业和信息化厅、教育厅、能源局负责）

6. 加大研发支持力度。统筹用好国家和省级资金用于关键零部件技术创新和产业化，对为广东获得国家示范城市群考核“关键零部件研发产业化”积分的企业给予财政资金奖励，参照国家综合评定奖励积分，原则上每 1 积分奖励 5 万元，每个企业同类产品奖励总额不超过 5000 万元。同时，鼓励相关企业积极申请省重点领域研发计划和省创新创业基金。（省发展改革委、科技厅、财政厅负责）

7. 加强检验测试能力建设。支持质量计量监督检测机构及相关检测企业组建燃料电池汽车专业检测试验平台和标准研究平台，提供关键材料和零部件检验测试服务、氢气品质检测检验及氢能装备性能评价服务。支持龙头企业与高校科研院所联合制定燃料电池汽车关键零部件检验测试技术标准，提升专业检测能力。（省市场监管局，有关地级以上市政府负责）

（三）加快布局建设加氢站。

8. 完善加氢站布局。“十四五”期间全省布局建设300座加氢站，其中示范城市群超200座。省内示范城市应组织编制本地区加氢站建设布局方案，明确示范期间年度建设任务，省内其他城市按全省布局规划组织推进加氢站建设。具备加氢设施建设条件的高速公路主干线服务区原则上应在“十四五”期间建设加氢设施。（省发展改革委、住房城乡建设厅、交通运输厅，各地级以上市政府负责）

9. 鼓励建设油（气）氢合建站。珠三角示范城市位于高速公路、国道、省道和城市主干道的加油（气）站，具备加氢设施建设条件的视同已纳入加氢站布局规划，鼓励在“十四五”期间改（扩）建加氢设施，鼓励新布点加油站同步规划建设加氢设施。（省住房城乡建设厅、发展改革委、交通运输厅、自然资源厅、能源局，各地级以上市政府负责）

10. 支持自用加氢站建设。允许在物流园区、露天停车场、港口码头、公交站场和燃料电池汽车运行比较集中的路线利用自有土地、工业用地、集体建设土地、公共设施用地等土地，在满足安全规范要求的前提下建设自用加氢站（限于对自有车辆、租赁车辆等特定车辆加氢），不对外经营服务。（各地级以上市政府负责）

11. 完善建设管理体制。加氢站参照城镇燃气加气站管理，不核发加氢站的危化品经营许可证。住房城乡建设部门作为加氢站行业主管部门，牵头制定加氢站建设管理办法。各地级以上市自然资源部门负责加氢站建设用地规划许可、工程规划许可，住房城乡建设部门负责加氢站工程施工许可、消防设计审查验收，气象部门负责加氢站工程雷电防护装置设计审核和竣工验收，市场监管部门负责气瓶/移动式压力容器充装许可证核发。（各地级以上市政府负责，省住房城乡建设厅、自然资源厅、市场监管局、气象局等部门配合）

12. 明确加氢站建设相关手续。对现有加油（气）站红线范围内改（扩）建加氢设施但不新增建（构）筑物，原已办理加油（气）站用地和建设工程规划许可的，无需再办理加氢站用地和建设工程规划许可，新增建（构）筑物的依法依规办理用地和建设工程规划许可；原未办理用地和建设工程规划许可的加油（气）站改（扩）建加氢设施，应依法依规处理后，由自然资源部门办理用地和建设工程规划许可，由住房城乡建设部门办理消防设计审查验收，市场监管部门根据审查验收意见及特种设备鉴定评审报告结论核发充装许可证。自用型加氢站在办理规划许可手续后，由住房城乡建设部门办理消防设计审查验收，不需办理充装许可证。（各地级以上市政府负责，省住房城乡建设厅、自然资源厅、市场监管局等部门配合）

13. 统一加氢站建设补贴标准。省财政对“十四五”期间建成并投入使用，且日加氢能力（按照压缩机每日工作 12 小时的加气能力计算）500 公斤及以上的加氢站给予建设补贴。其中，属于油（气）氢合建站、制氢加氢一体化综合能源补给站的，每站补贴 250 万元；属于其余固定式加氢站的，每站补贴 200 万元；属于撬装式加氢站的，每站补贴 150 万元。鼓励各市根据实际情况对加氢基础设施建设给予补贴，各级财政补贴合计不超过 500 万元 / 站，且不超过加氢站固定资产投资总额的 50%。获得财政补贴的加氢站在首笔补贴到位后 5 年内停止加氢服务的，应主动返还补贴资金。（省发展改革委、财政厅、住房城乡建设厅，各地级以上市政府负责）

（四）着力保障低成本氢气供应。

14. 加快氢气保供重点项目建设。加快推进东莞巨正源、珠海长炼、广石化等可供应工业副产氢项目建设，允许石化企业在厂区外建设车用氢气提纯装置和集中充装设施，提高低成本化工副产氢供应能力，加快建设东莞巨正源副产氢厂区外集中充装设施。（省发展改革委，广州、珠海、东莞等市政府负责）

15. 推动加氢站内电解水制氢。允许在加氢站内电解水制氢，落实燃料电池汽车专用制氢站用电价格执行蓄冷电价政策，积极发展谷电电解水制氢。允许发电厂利用低谷时段富余发电能力，在厂区或就近建设可中断电力电解水制氢项目和富余蒸汽热解制氢项目。（省发展改革委、住房城乡建设厅、能源局，广东电网公司，各地级以上市政府负责）

16. 开展氢气制储运新技术应用试点。发展清洁能源制氢，开展核电制氢、海上风电制氢、光伏制氢等试点，带动质子交换膜电解水制氢等制氢装备研发生产。研究调整完善车用制氢项目能耗统计方式。支持开展低温液氢储存和加注试点，探索开展固态储氢、有机液体储氢、氢气管道运输等氢气储运新工艺、新技术试点。（省能源局、统计局、发展改革委、科技厅负责）

17. 逐步降低用氢成本。国家燃料电池汽车示范城市群考核中“氢能供应”奖励资金，按照示范城市群内车用氢气供应量奖励给加氢站；各示范城市要落实国家有关氢气价格的要求，对加氢站终端售价 2023 年底前高于 35 元 / 公斤、2024 年底前高于 30 元 / 公斤的，各级财政均不得给予补贴。（省发展改革委、财政厅负责）

（五）推动燃料电池汽车规模化推广应用。

18. 加快重载货运和工程车辆电动化。鼓励珠三角示范城市大幅提高重载货运、工程车辆和港口牵引车辆电动化比例，积极推广使用燃料电池汽车。鼓励各市设定绿色物流区，放宽燃料电池物流车通行限制，建设氢能物流园。（省发展改革委、交通运输厅，有关地级以上市政府负责）

19. 推动冷链物流车电动化。探索省内燃料电池汽车便利通行机制，适当放宽燃料电池冷链物流车市区通行限制，提高燃料电池冷链物流车路权，探索冷链物流新能源车辆停车等优惠措施。（省公安厅、交通运输厅，各地级以上市政府负责）

20. 加快整车推广应用。统筹使用各级财政资金，按照总量控制、逐步退坡原则，对符合行驶里程、技术标准并获得国家综合评定奖励积分的燃料电池汽车给予购置补贴。对获得国家综合评定奖励积分 1 万辆车辆，且不少于 5 项关键零部件在示范城市群内制造，按照燃料电池系统额定功率补贴 3000 元 / 千瓦（单车补贴最大功率不超过 110 千瓦）。对完成 1 万辆推广目标后的补贴标准另行制定。（省发展改革委、财政厅，各地级以上市政府负责）

21. 建设统一市场。各地不得要求购置的燃料电池汽车关键零部件必须本市生产，不得限制非本地市制造的燃料电池车辆注册登记和申领地方财政补贴。各地统一执行本行动计划确定的奖补政策，不得另行出台整车购车补贴政策。（省发展改革委、财政厅，各地级以上市政府负责）

（六）加强全产业链安全管理。

22. 明确安全保障及应急管理机制。严格落实氢能供给企业、燃料电池汽车生产和运营企业主要负责人安全生产主体责任，从源头上防范遏制安全生产事故发生。各地政府落实属地安全生产监管责任，推进涉氢企业安全风险分级管控。将氢能列入重点行业领域安全监测系统，实现对涉氢重点企业单位实时监控。（省应急管理厅、工业和信息化厅、交通运输厅、公安厅，各地级以上市政府负责）

23. 完善产品质量保障体系。强化燃料电池汽车生产企业产品质量主体责任，完善售后服务体系，加强对整车、关键零部件及加氢站设备的日常安全监管。（省市场监管局、工业和信息化厅、公安厅、交通运输厅、应急管理厅按职责分工负责）

24. 完善安全运行监控体系。建立使用单位安全生产责任制度，完善常规检查、操作规范、加氢规范和维修保养等措施。依托示范城市群运营监管平台，远程实时监控燃料电池汽车运行状态，多措并举确保安全运行。（省交通运输厅、公安厅、发展改革委、应急管理厅，各地级以上市政府负责）

25. 强化氢能供给安全保障。出台加氢站安全管理规范，制定各项安全生产规章制度和相关操作规程，定期开展安全评价。加强氢能供给环节应急处置能力建设，研究制定突发事件应急处理预案。支持有条件的地市为加氢站购买公共责任安全保险。加强安全科普宣传，提升公众对氢能应用安全性的认知。（省住房城乡建设厅、应急管理厅、能源局，省科协，各地级以上市政府负责）

三、保障措施

26. 加强统筹协调。成立广东省燃料电池汽车示范城市群工作领导小组，定期研究协调解决产业发展问题。佛山市会同11个组成城市成立广东省燃料电池汽车示范城市群建设工作专班，建立示范城市群议事协调机制，统筹推进示范相关工作。组建示范城市群专家委员会，指导落实示范任务。支持各地积极参与燃料电池汽车示范城市群建设。（省发展改革委，各地级以上市政府负责）

27. 加大财政金融支持。统筹使用国家、省、市各级财政资金，重点支持八大关键零部件产业链技术创新和提升产业化能力、氢气供应、燃料电池汽车购置补贴。鼓励各类创业投资和股权投资基金投资燃料电池汽车产业，支持金融机构对燃料电池汽车企业推出符合企业融资需求的信贷产品，支持龙头企业到“科创板”等证券市场融资做大做强。（省财政厅、发展改革委、地方金融监管局，有关地级以上市政府负责）

28. 建立统一监管平台。组织建设省燃料电池汽车示范应用监管平台，重点对示范期内燃料电池汽车车辆和加氢站运行等进行监管，建立公平竞争、统一有序的燃料电池汽车市场环境。（省发展改革委，有关地级以上市政府负责）

华光环能介绍

华光环能（原无锡华光锅炉股份有限公司）成立于 1958 年 8 月，前身是无锡锅炉厂，2003 年 7 月在上海证券交易所挂牌上市 (SH.600475)，2017 年 6 月完成重大资产重组，2020 年 6 月公司更名为“无锡华光环保能源集团股份有限公司”。公司为国有控股上市公司。目前总股本 7.27 亿股，是控股股东无锡市国联发展(集团)有限公司的主要实业投资运营主体。公司现拥有53家投资子公司，员工近4000余名。

公司以建设一体化服务能力为目标，坚持聚焦能源与环保“两大主业”深化“两大转型”(即从传统能源向新能源、市政环保转型，从一般装备制造向环保能源工程总包、投资运营转型)，着力整合从设计、制造、建设到运营等核心环节，逐步形成了集电站项目投融资、电力工程设计、电站设备成套、电站工程总包、电厂运营管理以及新能源新材料开发等为一体的相互支撑的完善产业链，形成了装备制造板块、热电运营板块、市政环保板块、投资运营板块等四大业务板块，加快打造中国领先的绿色低碳城市整体解决方案平台型企业。

WHEE (former Wuxi Huaguang Boiler Co., Ltd.), first known as Wuxi Boiler Works, was established in August 1958, listed on the Shanghai Stock Exchange (SH. 600475) in July 2003, and completed major assets restructuring in June 2017 by absorbing Wuxi Guolian Environmental Energy Group, which was one of the main industrial entities held by Wuxi Guolian Development Group pertaining investment and entities operating. In June 2020, the company altered its name to Wuxi Huaguang Environment & Energy Group Co.,LTD. At present, it has 33 invested subsidiaries and more than 4,000 employees.

With the goal of constructing integrated service capability , WHEE continues to engage in the key areas of environment and energy, focusing on integrating the core links including design, manufacturing, construction and operation, and has gradually formed a mutually supportive and all-round industrial chain integrating investment and financing of power station projects, power engineering design, complete sets of power station equipment supply, power station projects EPC, operation and administration of power plants and development of new energy and new materials; and has established 4 business sectors, i.e. Equipment manufacturing, thermal power operation, municipal environmental protection, and investment & operation. We are accelerating our pace in becoming one of China's leading platform enterprises in offering green-city overall-solution.